海缆工程技术丛书

海缆工程建设管理程序与实务

乔小瑞　王昕晔　陈江峰　靳　煜　董红军
舒　畅　韩立军　王瑛剑　高　志　李春光　编著

机械工业出版社

本书是“海缆工程技术丛书”的一个分册，系统地介绍了海底光缆工程项目申报、论证与立项、海缆工程前期准备、施工准备、海缆铺设施工及工程收尾、海缆系统联通与组织保护管理等方面的基本知识。

本书可作为海缆工程各技术领域的工具书和教材，也可供海缆通信专业的工程设计、施工、维护和管理的人员使用，以及供从事海缆工程专业的科研教学人员参考。

图书在版编目（CIP）数据

海缆工程建设管理程序与实务/乔小瑞等编著. —北京：机械工业出版社，2020.10（2023.11 重印）
（海缆工程技术丛书）
ISBN 978-7-111-66733-9

Ⅰ.①海…　Ⅱ.①乔…　Ⅲ.①海底-光纤通信-工程管理　Ⅳ.①TN913.33

中国版本图书馆 CIP 数据核字（2020）第 190184 号

机械工业出版社（北京市百万庄大街 22 号　邮政编码 100037）
策划编辑：付承桂　责任编辑：付承桂　李小平
责任校对：张玉静　封面设计：鞠　杨
责任印制：单爱军
北京虎彩文化传播有限公司印刷
2023 年 11 月第 1 版第 3 次印刷
169mm×239mm · 9.5 印张 · 183 千字
标准书号：ISBN 978-7-111-66733-9
定价：69.00 元

电话服务　　　　　　　　　网络服务
客服电话：010-88361066　机　工　官　网：www.cmpbook.com
　　　　　010-88379833　机　工　官　博：weibo.com/cmp1952
　　　　　010-68326294　金　　书　　网：www.golden-book.com
封底无防伪标均为盗版　机工教育服务网：www.cmpedu.com

丛书序

在信息技术飞速发展的今天，海量数据的传输需求迅猛增长，海底光缆扮演着不可或缺的角色。如今，全球已建成数百条海底光缆通信系统，总长度超过 100 万 km，已经把除南极洲外的所有大洲以及大多数有人居住的岛屿紧密地联系在一起，构成了一个极其庞大的具有相当先进性的全球通信网络，承担着全世界超过 90%的国际通信业务。因此海底光缆已成为全球信息通信产业飞速发展的主要载体，是光传输技术中的尖端领域，更是各大通信巨头争相抢夺的制高点。

而海底光缆通信是集海洋工程、海洋调查、船舶工程、航海技术、机械工程、通信工程、电力电子以及高端装备制造等于一体的多专业、多领域交叉的学科，因此海缆工程被世界各国公认为是世界上最复杂的大型技术工程之一。

本丛书是一套完整覆盖海缆工程各技术领域的工具书。海军工程大学在积累了 20 余年军地海缆建设工程实践经验，并结合多年承担全军海缆工程技术培训任务的基础上，组织国内海缆行业各相关领域领先的技术团队编写了本套丛书，包括《海底光缆工程》《海底光缆——设计、制造与测试》《海底光缆通信系统》《海缆工程建设管理程序与实务》《海缆路由勘察技术》《海缆探测技术》六本书，覆盖海缆工程从项目论证到桌面研究，从路由勘察到工程设计，再到海缆线路和相关设备制造、传输系统和关键设备集成，乃至工程实施及运行维护等各方面，以供海缆专业的工程设计、施工、维护和管理人员使用，也可供从事海缆工程专业的科研教学人员参考。

当前，我国海洋事业已进入历史上前所未有的快速发展阶段，“海缆工程技术丛书”的编著和出版，对我国海缆事业的长远规划和可持续发展具有重要意义，对推进我国海洋信息化建设、助力“一带一路”倡议实施也将产生积极促进作用。

我国已迈出从海洋大国向海洋强国转变的稳健步伐，愿各位海缆人坚定信念、不忘初心，勇立潮头、继续奋进，为早日实现中国梦、海洋梦、强国梦贡献更大力量！

前　言

海底光缆通信系统是国际通信、洲际通信的重要基础设施，具有超远距离传输、大容量、高可靠性等特点，是实现全球互联的重要通信手段。1988 年，世界上第一条跨洋海底光缆建成，经过 20 多年的发展，已在全球语音和数据通信骨干网中占据了主导地位，基本上没有其他技术能与之媲美。目前，海底光缆已跨越全球六大洲，总长度超过 100 万 km，构成了一张不间断的巨型网络，提供国际通信 90%以上的业务量，在世界经济发展、文化交流和社会进步的进程中正发挥重要的作用。

本书是“海缆工程技术丛书”的一个分册，系统地介绍了海底光缆工程项目申报、论证与立项、海缆工程前期准备、施工准备、海缆铺设施工及工程收尾、海缆系统联通与组织保护管理等方面的基本知识。可作为海缆工程各技术领域的工具书和教材，也可供海缆通信专业的工程设计、施工、维护和管理人员使用，以及供从事海缆工程专业的科研教学人员参考。

本书共分 12 章。第 1 章为绪论，简要介绍海底通信线缆发展历程，重点介绍了海底光缆工程的特点；第 2 章介绍项目申报、论证与立项工作；第 3 章介绍工程任务下达和海缆工程前期准备工作；第 4 章介绍海缆施工准备工作；第 5 章介绍海缆铺设施工及工程收尾工作；第 6 章阐述海缆系统联通与组织保护管理；第 7 章介绍海缆工程验收移交及工程总结；第 8 章介绍海缆线路工程中的路由勘查规范及要求；第 9 章介绍海缆工程中的设计规范及要求；第 10 章介绍海缆线路工程中的施工规范及要求；第 11 章介绍海缆工程中的验收规范及要求；第 12 章介绍海缆线路工程中的监理规范及要求；附录 A 为海底光缆传输及电性能测试记录表；附录 B 为常用文件格式。

本书编写工作分工为：乔小瑞、王瑛剑负责第 1 章，乔小瑞、王昕晔、陈江峰负责第 2 章，乔小瑞、陈江峰、王昕晔负责第 3 章，陈江峰、舒畅负责第 4 章，韩立军、靳煜负责第 5 章，董红军、李春光负责第 6 章，舒畅、高志负责第 7 章，乔小瑞、高志负责第 8~10 章，舒畅、李春光负责第 11、12 章。乔小瑞负责全书的总体规划，陈江峰、舒畅、高志负责对全书文稿的归纳整理。

本书编写人员来自一线工作管理单位和中国人民解放军海军工程大学，他们都是长期从事海底光缆通信科研、工程和教学的技术骨干。

由于编者水平有限，难免有不妥或错误之处，恳请读者批评指正。

作　者

目　录

名词解释

海底光缆线路工程：两端海陆接头盒之间所有设施。

海底光缆登陆点：海底光缆与陆地光缆接头点的位置。

潮滩：海堤与低潮线之间的区域。

岸滩：海岸和潮滩的总称。

海潮流：海水的潮流和海流。

深海：海水深度大于等于500m的海区。

浅海：海水深度小于500m的海区。

埋设：将海底光缆埋于海床以下一定深度。

敷设：将海底光缆直接放置于海床上。

铺设：埋设和敷设的总称。

人井：存放余缆和接续设备的地下保护设施。

水线房：存放余缆和接续设备的地面设施。

路由：海底光缆敷设的路线。

投犁点：海底光缆线路敷设施工中投放埋设犁的埋设起点位置。

起犁点：海底光缆线路敷设施工中回收埋设犁的埋设终点位置。

海中埋设段：海底光缆线路投犁点至起犁点之间路由所在的海域范围。

近岸段：海底光缆线路起犁点或投犁点至低潮线之间路由所在的地域范围。

潮间带：海底光缆线路低潮线至高潮线之间路由所在的地域范围。

岸上段：海底光缆线路从高潮线至人井处路由所在的地域范围。

登陆段：近岸段、潮间带、岸上段的总称。

登陆段路由：海底光缆从低潮线至登陆点的路由。

随工验收：施工进程中，对工程质量进行的检验评议。

工程初验：在施工完毕并经自验及工程监理单位同意后，在试运行之前，对工程质量进行初步的检验评议。

工程试运行：工程经初验合格后，在正式运行之前，对工程项目进行实际运行测试，以全面考察工程质量。

工程终验：在工程试运行结束后，对工程质量进行最终的检验评议。

工程保修期：工程质量保修期及系统运行维护期的总称。

第 1 章 绪论

海底光缆通信系统是国防通信网的重要组成部分。海底光缆通信以其抗干扰能力强、通信质量高、保密性能好、操作使用简单、稳定可靠等特点，在保障部队作战指挥、科研试验和日常战备通信中，发挥着至关重要的作用。随着我国通信事业的发展和海防斗争对通信的需求，海防通信保障需要多种手段，但海底光缆通信仍是其他通信不可替代的重要通信手段。本章简要介绍海底光缆通信系统作用、特点和海缆工程的特点、建设流程。

1.1 海底光缆通信系统简介

20 世纪 90 年代以后，海底光缆技术迅速发展，数字化高技术战争对通信提出了更高的要求，语音、数据、视讯图像、预警探测等信息的传输需要大容量的传输信道。特别是在军事斗争中，海底光缆通信已成为海岛前沿预警、探测、指控等重要信息的传输手段。而之前的海底电缆模拟通信已不能满足需求，逐渐被海底光缆数字通信取而代之。

海底光缆通信系统是指使用海底光缆、海底中继器以及陆地光传输终端设备组成的通信系统，用来传输大陆与大陆之间、大陆和岛屿或岛屿间的信息。1988 年，世界上第一条越洋连接美国、法国和英国的跨大西洋的海底光纤系统 TAT-8 开通，它标志着海底同轴电缆系统的结束和海底光缆系统的开始。从那时起到现在，几十年中先后开通了多条大西洋、横穿太平洋的国际海底光缆。

目前，我国已建成 17 条 8 个系统的国际海底光缆系统，通达世界 30 多个国家和地区的海底光缆登陆站，形成覆盖全球的高速数字光通信网络。这些国际光缆系统，网络规模完善，通信容量充分，技术性能先进，运行安全可靠。海底光缆技术从准同步数字系列（PDH）、同步数字系列（SDH）发展到国际最先进的密集波分复用（DWDM）系统，光缆的承载容量从最初的 560Mbit/s，扩展到目前的 7.2Tbit/s，增加了上万倍，可供上亿用户同时通信，互不干扰。

海底光缆铺设在一个极其复杂的海洋环境中，由于海底环境恶劣，会受到海水压力、水流冲刷、礁石磨损、海生物侵蚀等危害，且易受渔网、船锚钩挂及铺

设、打捞、维修工程等机械作用的损伤，因此，海底光缆必须具有耐水压、耐磨损、耐拉伸、抗腐蚀等性能。

从目前海底光缆系统来看，全球海底光缆系统的总趋势是：①系统容量持续增加，无论是一对纤芯的容量还是同缆内纤芯数量；②传输码率成倍增加；③中继距离不断加大；④线路成本（单位话路公里成本）成倍迅速降低；⑤高新技术推广应用。

近年来随着全球海底光缆系统的迅速发展，全球国际通信已由原来的卫星通信为主变为以海底通信为主。

海底光缆通信系统具有以下特点：

（1）通信容量大。信道的带宽是决定通信容量的一个因素，信道的带宽越大，系统传输信息的能力就越强。光纤通信的带宽可达 50THz。目前，NEC 和 Alcatel 报道他们的传输容量分别达到 10.92Tbit/s 和 10.02Tbit/s（采用波分复用技术）。

（2）通信可靠性高。光导纤维是石英玻璃丝，是一种非导电的介质，外界交变电磁波在其中不会产生感应电动势，即不会产生与信号无关的噪声。这样，就是把它平行铺设到高压电线和电气铁路附近，也不会受到电磁干扰。

（3）通信保密性强。光纤通信与电通信不同，由于光纤的特殊设计，光纤中传送的光波被限制在光纤的纤芯和芯包界面附近传送，很少会跑到光纤之外。即使在弯曲半径很小的位置，泄漏光功率也是十分微弱的。并且成缆以后光纤的外面包有金属做的防潮层和橡胶材料的护套，这些均是不透光的，因此，泄漏到光缆外的光几乎没有。更何况长途光缆和中继光缆一般均埋于地下。所以光纤的保密性能好。

（4）通信跨度大。为了提高海底光缆系统的可靠性，要求在中继段光缆中无整体接头。即要求光缆制造长度与中断段长度相一致。这样光缆的制造长度要长达数十公里或更长。

（5）易与其他通信方式互为补充，与沿海通信线路构成迂回。

1.2 海缆工程

1.2.1 海缆工程概念

海底通信光缆工程，简称海缆工程。海缆工程是指建设或维修一个海底光缆通信系统所进行的工作，以实现利用海底光缆作为媒介来传输信息的目的。

海缆工程是一个复杂的系统工程，具有以下特点：

1. 专业强

海底光缆线路工程专业性很强，是多个专业领域的综合，涉及通信、航海、

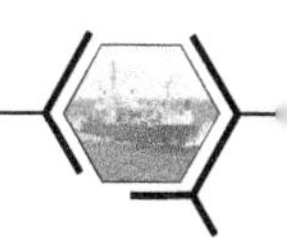

海洋环境、水下工程、船舶机械、电子等多个领域。

2. 规模大

建设规模和资金规模大，特别是越洋跨洲的工程往往连接多个国家，工程中有多个建设方，这些工程的资金规模都在几十个亿美元，而且维修费用高。

3. 风险高

工程投资强度大、风险高，易受天气因素的影响，如台风、潮水、海流等。工程中流程多，过程复杂、环环相扣，往往某个细节问题，就会导致整个工程失败，造成巨大经济损失，有时还会造成人员伤亡。出现故障，维修相当复杂，需要探测、打捞、接续。

4. 涉及广

工程建设涉及面广，内外协作配合的环节多，完成一项工程建设，需要进行多方面的工作，其中有些是前后衔接的，有些是左右配合的，有些是互相交叉的，是一个复杂的综合体。从海洋路由勘测、施工图设计、海中敷设施工、登陆段光缆的处理以及海光缆的制造及运输，环环相扣，只有做到每个细节不出问题，才能保证工程质量。

1.2.2 海缆工程的内容

海缆工程包括的内容繁多，图 1.1 给出了一个海缆工程从设计到施工比较完整的任务流程图。海缆工程建设内容包括：路由初选、论证、办理立项与报建，

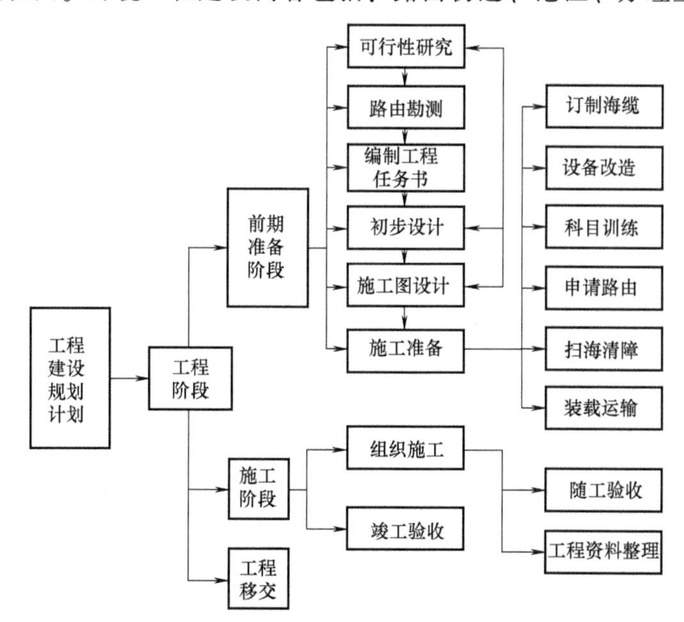

图 1.1 海缆工程（线路）任务流程图

路由勘测，施工图设计，海光缆、设备与器材购置，编制施工方案，工程施工与工程监理，编制竣工报告、竣工资料与监理报告，工程验收与交付使用等。对应这些项目、阶段、分工都由相应的组织机构来承担与完成。海缆工程的内容有三个阶段：前期准备阶段、施工阶段和工程移交。

图 1.1 给出的海缆工程任务流图，其中主要任务包括：海洋路由勘测、施工图设计、海底光缆的制造及运输、海上施工、登陆段施工、维护维修。

海缆工程对工程技术人员有较高的要求，需要其具备扎实的理论基础、丰富的实践经验、良好的组织协调能力。海缆路由勘察已经成为海缆工程系统中一个不可缺少的部分，其目的是选择一条安全可靠、经济合理、技术可行的海缆路由，为海缆系统设计、施工、维护提供技术依据。

施工图设计是海光缆施工的重要依据，对工程顺利施工，保障工作质量、工程进度、投资效益具有决定性的作用。施工图设计包括海缆路由的选择、海缆和接头盒的指标、工程预算和各种图纸。

海光缆、设备与器材购置是选择适合本海区使用特点的不同防护结构的海缆，它是保证海缆实际使用寿命的关键。严谨、周全的施工方案才能够体现出施工图设计的功效。

工程施工与监理是对整个工程各个环节的具体实施以及对工程的进度、质量和安全等进行监管。

编制竣工报告、竣工资料与监理报告是整理工程技术资料，形成完整的、规范的、适用的竣工资料进行存档，作为今后维护海缆线路的资料依据。

工程验收与交付是对整个工程进行评审，验收合格后交付建设单位。后续章节对海缆工程的每个环节所涉及的内容进行了详细的阐述。

第 2 章 项目申报、论证与立项工作

海缆工程建设项目的申报过程、论证程序和方法、项目审核和立项等工作，不同的管理部门流程有所不同，本章主要对不同管理部门的管理流程进行阐述。

2.1 海缆建设项目管理流程

2.1.1 海缆建设项目的提出

海缆建设项目由各业务部门针对本辖区的通信建设目标提出自身的海缆项目建设需求，向主管机关对口业务部门进行逐级申报。

2.1.2 对项目进行初步筛选并预备立项

主管机关相关业务部门对申报上来的海缆建设项目进行汇总并进行初步筛选，对不符合机关下一步建设重点的项目予以推迟建设；对符合当前战场建设的实际需要，并具有紧迫感的海缆建设项目给予优先批准并预备立项。

2.1.3 下达项目调查预研任务（书）

通过机关初步筛选并批准立项的海缆建设项目，由主管机关相关业务部门逐级下达项目调查预研任务（书）。其中，需要明确调查预研任务的目的和组织方法，必须按照调查论证的标准程序流程进行开展，明确调查论证所采用的方法；同时对调查及论证的内容进行多方面阐述，并提出相应的要求，最终要求调查论证执行部门编报出预研可行性分析报告。

2.1.4 调查预研的目的与组织

调查预研的目的是为了使海缆建设项目具有可行性，对项目可能遇到的困难和问题预先进行考察和研究，为海缆建设项目能否立项提供决策咨询。由建设单位相关业务部门组织实施，其中包括海缆建设项目的路由、预算等方面。

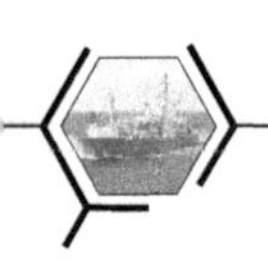

2.1.5 编报预研可行性分析报告（项目建议书）并上报

可行性分析报告是在制定某一建设或科研项目之前，对该项目实施的可能性、有效性、技术方案及技术政策进行具体、深入、细致的技术论证和经济评价，以求确定一个在技术上合理、经济上合算的最优方案和最佳时机而写的书面报告，最终作为呈交决策者和主管机关实行审批的上报文件。

可行性分析报告的主要内容是要求以全面、系统的分析为主要方法。整个可行性研究提出综合分析评价，指出优缺点和建议。可行性分析报告是项目建设论证、审查、决策的重要依据，也是以后筹集资金或者申请资金的一个重要依据。可行性分析报告编写时要注意数据方面的真实性和合理性，只有报告通过审核后，才能得到资金支持，同时也能为项目以后的发展提供重要的依据。可行性分析是确定海缆建设项目前具有决定性意义的工作，是在投资决策之前，对拟建项目进行全面技术经济分析论证的科学方法。在投资管理中，可行性研究是指对拟建项目有关的自然、社会、经济、技术等进行调研、分析比较以及预测建成后的社会经济效益。

将调查预研的内容和方法编报成预研可行性分析报告（项目建议书），包括的各要素为：

1. 基本情况

(1) 项目单位基本情况：单位名称、地址及邮编、联系电话、法人代表姓名、人员及资产规模、财务收支、上级单位及所隶属的部门名称等情况。其中包括：

1) 可行性报告编制单位的基本情况：单位名称、地址及邮编、联系电话、法人代表姓名、资质等级等。

2) 合作单位的基本情况：单位名称、地址及邮编、联系电话、法人代表姓名等。

(2) 项目负责人基本情况：姓名、职务、职称、专业、联系电话、与项目相关的主要业绩。

(3) 项目基本情况：项目名称、项目类型、项目属性、主要工作内容、预期目标及阶段性目标情况，主要预期经济效益或社会效益指标，项目总投入情况。

2. 必要性与可行性

(1) 项目背景情况：项目受益范围分析，部门、地区需求分析，项目单位需求分析，项目是否符合国家政策、是否属于国家政策优先支持的领域和范围。

(2) 项目实施的必要性：项目实施对完成行政工作任务或促进事业发展的意义与作用。

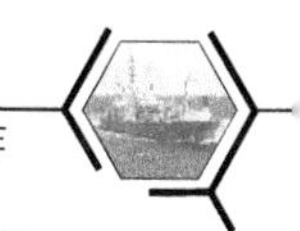

（3）项目实施的可行性：项目的主要工作思路与设想，项目预算的合理性及可靠性分析，项目预期社会效益与经济效益分析，与同类项目的对比分析，项目预期效益的持久性分析。

（4）项目风险与不确定性：项目实施存在的主要风险与不确定性分析，对风险的应对措施分析。

3. 实施条件

（1）人员条件：项目负责人的组织管理能力，项目主要负责人员的姓名、职务、职称、专业、对项目的熟悉情况。

（2）资金条件：项目资金投入总额及投入计划，对财政预算资金的需求额，其他渠道资金的来源及其落实情况。

（3）基础条件：项目单位及合作单位完成项目已经具备的基础条件（重点说明项目单位及合作单位具备的设施条件，需要增加的关键设施）。

（4）其他相关条件。

4. 进度与计划安排

5. 主要结论

海缆建设项目预研可行性分析报告编报完成后，向主管机关相关业务部门逐级上报。

2.1.6　上级审核项目和正式立项

根据下达的海缆建设项目的调查预研任务，对上报的各预研可行性分析报告组织专家进行评审，由主管机关相关业务部门进行审核，只有通过专家评审和机关审核的海缆建设项目才能进行正式立项。

2.2　地方海缆建设项目管理流程

2.2.1　地方海缆建设项目的提出

海缆建设项目由项目需求单位的网络运行部门（一般由海缆需求部分所在的县市级通信运行公司作为发起单位，跨县市的需求由省级通信运行公司发起，跨省的需求由通信集团公司发起）针对本辖区的通信建设目标提出自身的海缆项目建设需求，由网络运行部门向本公司所在的网络发展投资管理部门（网络发展部）提出申请，并逐级进行审批。

2.2.2　地方对项目进行初步筛选并预备立项

主管投资的网络发展部对申报上来的海缆建设项目进行汇总并进行初步筛

选，对不符合或暂不影响重要通信发展方向的项目予以推迟建设或列入后续滚动规划中；对符合当前需要、具有迫切性的实际需要的海缆建设项目给予批准并预备立项。

2.2.3 地方下达项目可行性研究调查报告编制要求

在通过网络发展部初步筛选并批准纳入立项考虑的海缆建设项目，由网络发展部向项目申请单位下达编制可研调查报告编制任务书或由网络发展部直接委托相关设计单位编制可研报告。其中需要明确调查任务的目的和组织方法，必须按照调查论证的标准程序流程进行开展，明确调查论证所采用的方法；同时对调查及论证的内容进行多方面阐述，并提出相应的要求，最终要求调查论证执行部门编报出可研分析报告。

2.2.4 可行性研究的目的与组织

目的是为了使海缆建设项目具有可行性，对项目可能遇到的困难和问题预先进行考察和研究，为海缆建设项目能否立项提供决策咨询。由建设单位相关业务部门组织实施，其中包括海缆建设项目的路由、建设方式、建设周期、采取的主要技术手段、需求的满足程度、相关投资预算等方面。

2.2.5 编报可行性研究分析报告（项目建议书）并上报

可行性分析报告是在制定某一建设或科研项目之前，对该项目实施的可能性、有效性、技术方案及技术政策进行具体、深入、细致的技术论证和经济评价，以求确定一个在技术上合理、经济上合算的最优方案和最佳时机而写的书面报告，最终作为呈交决策者和主管部门实行审批的上报文件。

可行性分析报告的主要内容要求以全面、系统的分析为主要方法。整个可行性研究提出综合分析评价，指出优、缺点和建议。可行性分析报告是项目建设论证、审查、决策的重要依据，也是以后筹集资金或者申请资金的一个重要依据。可行性分析报告编写时要注意数据方面的真实性和合理性，只有报告通过审核后，才能得到资金支持，同时也能为项目以后的发展提供重要的依据。可行性分析是确定海缆建设项目前具有决定性意义的工作，是在投资决策之前，对拟建项目进行全面技术经济分析论证的科学方法。在投资管理中，可行性研究是指对拟建项目有关的自然、社会、经济、技术等进行调研、分析比较以及预测建成后的社会经济效益。

编报可行性分析报告（项目建议书），包括的各要素为：

1. 基本情况

(1) 项目单位基本情况：单位名称、地址及邮编、联系电话、法人代表姓

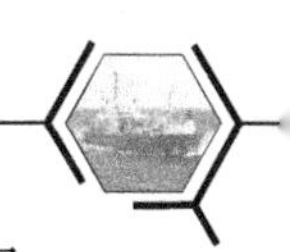

名、人员及资产规模、财务收支、上级单位及所隶属的部门名称等情况，具体为：

1）可行性报告编制单位的基本情况：单位名称、地址及邮编、联系电话、法人代表姓名、资质等级等。

2）合作单位的基本情况：单位名称、地址及邮编、联系电话、法人代表姓名等。

（2）项目负责人基本情况：姓名、职务、职称、专业、联系电话、与项目相关的主要业绩。

（3）项目基本情况：项目名称、项目类型、项目属性、主要工作内容、预期目标及阶段性目标情况，主要预期经济效益或社会效益指标，项目总投入情况。

2. 必要性与可行性

（1）项目背景情况：项目受益范围分析，部门、地区需求分析，项目单位需求分析，项目是否符合国家政策、是否属于国家政策优先支持的领域和范围。

（2）项目实施的必要性：项目实施对完成行政工作任务或促进事业发展的意义与作用。

（3）项目实施的可行性：项目的主要工作思路与设想，项目预算的合理性及可靠性分析，项目预期社会效益与经济效益分析，与同类项目的对比分析，项目预期效益的持久性分析。

（4）项目风险与不确定性：项目实施存在的主要风险与不确定性分析，对风险的应对措施分析。

3. 实施条件

（1）人员条件：项目负责人的组织管理能力，项目主要负责人员的姓名、职务、职称、专业、对项目的熟悉情况。

（2）资金条件：项目资金投入总额及投入计划，对财政预算资金的需求额，其他渠道资金的来源及其落实情况。

（3）基础条件：项目单位及合作单位完成项目已经具备的基础条件（重点说明项目单位及合作单位具备的设施条件，需要增加的关键设施）。

（4）其他相关条件。

4. 进度与计划安排

5. 主要结论

海缆建设项目可行性分析报告编报完成后，向网络发展部提请电信公司管理层批准，如投资金额超过本级电信公司权限的则提请上级电信公司批准。

2.2.6 上级审核项目和正式立项

根据下达的海缆建设项目研究任务，对上报的可行性分析报告组织专家进行评审，由网发部会同网运、财务、审计等部门进行审核，只有通过专家评审和各相关部门审核的海缆建设项目才能进行正式立项。

第 3 章

工程任务下达和海缆工程前期准备工作

本章主要对海缆工程建设项目的前期准备工作进行阐述，其中包括项目设计任务书和工程任务文件的下达、路由踏勘和桌面路由研究及评审、路由勘察及评审，以及工程初步设计、施工图设计等相关工作。

3.1 设计任务（书）及工程任务文件

主管机关相关工程业务部门针对已通过专家评审和机关审核正式立项的海缆建设项目核准后，下达海缆建设项目设计任务（书），以及该工程有关的任务文件，包括任务名称、实施地点、预算经费等。

其中工程建设项目设计任务（书）是确定建设项目和建设方案的技术经济文件，是编制设计文件的主要依据。设计任务书是确定建设规模、建设方案和最高投资限额的决策性文件。部队单位任何投资安排的大型、中型、小型工程建设项目，均应当编报设计任务书。

编制设计任务书，应当严格执行国家和部队有关工程建设的方针、政策。其工程建设项目的构成范围和总投资，应当以批准的工程建设地点、规模和人员、装备编制为依据。

设计任务书一般由编制说明、工程建设项目和投资估算表及附件组成，小型工程建设项目的设计任务书可以适当简化。

设计任务书的编制说明一般包括以下内容：

（1）项目概况。包括项目名称、项目构成范围、可行性研究的概况、结论、问题和建议。

（2）建设目的和依据。

（3）建设地点及征地、拆迁情况。

（4）建设方案、建设标准、建设任务、投资估算及计算依据。

（5）建设条件。包括地质、水文、地形、气象和水、电、热源、交通、通信及电磁环境等情况。

(6) 战术技术、环境保护及外部协作配合条件落实情况和配套项目同步建设情况。

(7) 建设工期及组织实施。

(8) 要求达到的军事、经济和社会效益及评价。

(9) 改建、扩建项目的原有设施、设备利用情况。

(10) 自筹工程项目应当说明资金来源情况。

上报设计任务书应当附下列资料：

(1) 立项批复。

(2) 人员、装备编制表。

(3) 工程量计算表、投资估算表以及计算依据。

(4) 需要附的其他有关资料。

设计任务书编制工作应当及早进行，并在工程建设项目列入年度计划前办理完报批手续。未经批准设计任务书的工程建设项目，不得组织设计，不得列入年度计划。设计任务书一经批准，其投资估算总额应当作为工程造价的最高限额，不得突破。确需调整建设规模的，应当报原审批机关批准。委托军内外勘察设计等单位编审设计任务书所需费用，列入工程建设项目前期工作费。

3.2 组织海缆路由踏勘

依据海缆建设项目任务（书）的要求内容，对建设的海缆路由及两端登陆点进行实地踏勘，了解海缆路由整个线路和登陆点周边海区的人文、水文、地理等情况，为下一步的桌面研究提供依据。海缆路由踏勘流程如图 3.1 所示。

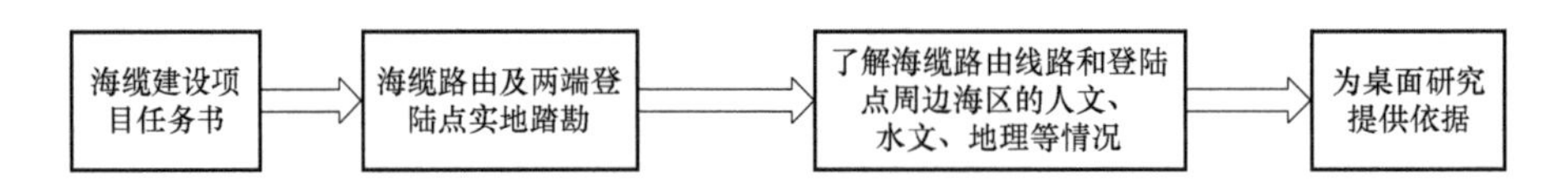

图 3.1　海缆路由踏勘流程图

尤其是部队工程建设项目的勘察设计任务，应下达或委托给持有勘察设计资质证书，并与证书规定的业务范围相符的勘察设计单位。承接任务应当遵守国家、部队的收费标准和规定。严禁无证单位或者个人承接部队勘察设计任务。

3.3 组织海缆路由桌面研究及评审

根据海缆路由踏勘中调查到的路由线路及两端登陆点周边海区的人文、水

文、地理等情况，形成桌面研究报告，并组织专家进行评审。在桌面研究报告中必须给出3条左右的备选路由和路由两端的备选登陆点，其中给出一条推荐路由和其对应的推荐登陆点，并给出推荐原因。只有专家评审通过后，才能将该路由作为下一步正式海缆路由进行踏勘的依据，最终目的是选择一条安全可靠、经济合理、技术可行的海缆路由。

在桌面路由评审对海缆路由选择过程中，需广泛听取军地各相关部门、相关人员的意见建议，通过分析比较选出最佳路由，有利于优化选择路径、设计相应的防护措施。原则是：海底光缆路由选择要尽量避开航道、锚地、养殖区、定址网捕捞区、倾废区、军事（投弹、潜训）训练等；陆地路由选择也不可忽视，因其也关系到海缆系统的安全使用，还要考虑今后方便维护管理。

3.4 组织海缆路由勘察及评审

依据海缆建设项目任务（书）的要求内容，针对海缆路由桌面研究评审通过的确定路由及登陆点，向国家海洋局有关分局提出路由勘察书面申请。申请应包括以下内容：

（1）建设依据。

（2）调查、勘测路由选择的依据及说明。

（3）调查船名及勘测单位。

（4）路由调查、勘测的区域、内容、时间。

海缆路由勘察书面申请通过审批后，针对海缆路由桌面研究评审通过的确定路由及登陆点进行实际的勘察工作，全面掌握路由海区的人文、水文、地理等情况。

海洋调查是对预设海底光缆通信系统的海区进行广泛深入调查、勘查工作，通过必要的海底地质构成及水深等调查，全面掌握海区的人文、水文、地理等情况。这是保证设计质量、减少工程造价、提高海缆可靠性的前提。

海底光缆路由勘测是工程前期准备工作的重要环节，是工程可行性研究和工程设计的基础性工作之一。其任务就是提供必需的地址和海洋环境资料，提出铺设路由、埋设深度、海缆护层选择等建议，为海缆系统设计、施工、维护提供技术依据。

勘察的内容包括：水深、海底面状况、埋设层状况、水文气象和海洋开发利用情况，如图3.2所示。

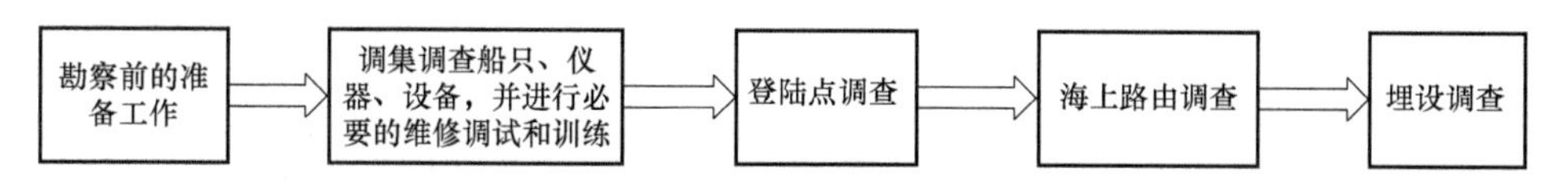

图3.2 路由勘察内容

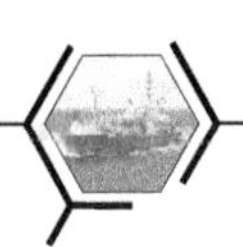

3.4.1 路由勘察的工作流程

1. 勘察前的准备工作

资料调查：从图纸资料上预选几个备选登陆点和海上路由，制定登陆点、埋设路由调查方案和实施计划。其中收集研究海图和相关基础资料的主要内容包括：海图、地形图、地质图、特殊图（航道、气象、海流、潮流）等资料；地质、地貌、水文气象等有关资料；水运部门、水产部门及地质调查部门的相关资料；拟选路由及附近已敷设的管线设施记录和使用管理资料；本工程拟采用的设施、器材等资料；预选路由或邻近海域有关武器实验、倾废、水资源开发等信息资料。

2. 装备

调集调查船只、仪器、设备，并进行必要的维修调试和训练（测深仪、旁侧声呐、海流计等）。

3. 登陆点调查（调查自海中 5m 等深线起至终端站或杆、房）

陆上现场勘察：在走访地方海洋管理、渔业等有关部门后，实地勘察，综合分析比较，选定 2~3 个备选登陆点。

4. 海上路由调查

主要内容有：水深、地形、地质剖面测量、柱状取样和化验、地貌和障碍物测扫、流速及流向观测、以及船只人为活动影响调查等，当发现不适当的因素时，按路由顺次反复勘查，决定最后的预定路由。

5. 埋设调查

利用路由调查清障锚扫海并粗测挖掘阻力，拖调查犁或埋设犁进行路由埋设可行性调查和验证，并从中获取有关数据和经验。

路由勘察的工作流程如图 3.3 所示。

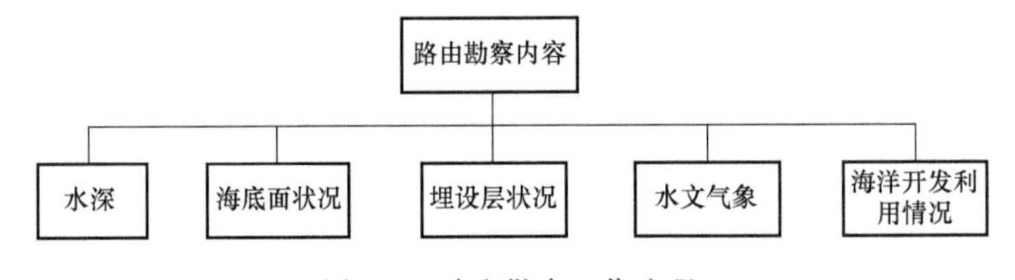

图 3.3　路由勘察工作流程

路由勘察所用的主要仪器有：

(1) 水深测量：单波束测深仪、多波束测深仪。

(2) 海底面状况（凹凸状况）测量：单波束测深仪、多波束测深仪、旁侧声呐、海底摄像。

(3) 海底埋设层状况（底质）测量：旁侧声呐、浅地层剖面仪、取样器、静力触探仪、拖调查犁。

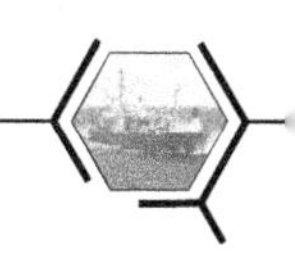

(4) 水文气象测量：海流计、水温计等。

(5) 路由导航定位：差分 GPS 等。

登陆点选择的一般原则有：

(1) 海岸（高潮线以上）地势较高、安全隐蔽的地点。

(2) 避开低洼水淹或流沙塌方等地段。

(3) 登陆滩涂较短的地点。

(4) 距传输站（机务站）距离较近的地点。

(5) 风浪比较平稳，海潮流较小的岸滩地区。

(6) 附近无大型厂矿及变电站和高压线杆塔的接地装置等。

(7) 沿岸无岩石、流沙和地震，洪水不易波及的地段。

(8) 将来不会在沿岸进行治水、护岸和修建港湾码头的地点。

(9) 避开通信海缆、电力电缆、油气管道及其他设施。

(10) 便于陆地光缆安装时器材、工具的运输。

(11) 便于海缆登陆作业和建成后的维护。

路由选择的一般原则有：

(1) 尽量避开捕捞、养殖作业区。

(2) 避开各类锚地、武器实验区和其他特殊作业区。

(3) 充分考虑或避开其他单位现有和规划中的各种建设项目的影响。

(4) 应尽量减少与其他管线的交越。

(5) 所选路由尽量取直线。

(6) 尽量避开有以下特征的地形和不宜铺设海底光缆线路的地带：海底为岩石地带、海底起伏不平、海沟、陡峭的斜面、河道入口处、火山地震带附近、海水含硫化氢浓度超过标准的海区。

登陆段路由勘察过程应注意：

(1) 登陆段指海缆与陆缆交接点至低潮线路由。沿该线向陆地延伸 50m，以此线为轴线向两侧各扩展 50~250m，形成的矩形区为测量范围。

(2) 地形测量采用的比例尺一般为 1∶1000~1∶2000，应用常规的地形测量技术进行精确测量。其他如道路、树木、建筑物、岩石露头以及影响光缆埋设的地形地物都应测出其位置。

(3) 沿路由沉积物使用手持钢棒进行厚度探测，并对地貌形态进行观测，对不同沉积物或地貌类型进行拍照。

3.4.2 海上路由勘测过程

1. 路由勘测的导航定位

(1) 确定采用的投影方式、坐标系统及基准面。

（2）使用差分全球定位系统（DGPS）及导航计算机进行海上定位。导航计算机接口与所有有关勘察设备（包括测深仪、多波束测深系统、旁侧声呐及浅地层剖面仪）相连接，用自动数据记录设备来记录导航和定位数据，并能随时得到这些数据的打印件。

2. 水深的测量

水深测量由测深仪完成，测量完毕后，绘出路由水深水面图和剖面图。水深测量可得到如下结论：

（1）深数据作为海底光缆埋设和敷设中控制张力和敷设余量的参数。

（2）海底是否有海沟存在。

（3）海底的坡度。

（4）海底的凹凸情况。

3. 海底面状况的测量

（1）应用探测仪或多波束测深系统及旁侧声呐、水下摄影机测得海底地形变化，以及沉船、礁石、沙坡、沙纹、古河道、海底峡谷、海山、海沟、珊瑚礁、陡崖、陡坡、其他障碍物的位置与形态。

（2）多波束测深系统及旁侧声呐对路由区进行全覆盖测量，测线之间的测量范围一般有10%的重叠部分。在0~20m水深区，路由宽度应在500m左右；大于20m的深海区，路由宽度约为1000m。

（3）测深仪或多波束测深系统应与旁侧声呐同步沿路由连续工作。船速应在4kn[⊖]左右，尽量沿预设航线航行，避免出现较大的偏航。

4. 埋设层状况的测量

（1）应用采泥器采集海底表层及柱状沉积物样品，或使用浅地层剖面仪了解海底表层及浅层沉积物类型。观测并分析地层中存在的灾害地质现象，如滑坡、崩塌、麻坑、古河道。一般情况下浅地层探测的深度超过5m。

（2）对底质的力学性质主要是通过十字板扭力仪或微型标贯仪进行抗剪、抗压强度测定，或使用海底静力触探仪获取抗剪强度值。

（3）在缺乏底质资料的海区，表层样的采集密度与测线的布置一般和路由设计的比例尺一致。柱状样的取样可根据底质类型的变化而定，或根据路由长度的1/10左右的距离，平均布设站位。不同的底质类型区或地层结构发生明显变化的区域应取柱状样。表层敷设的电缆可只进行表层取样。

（4）使用浅地层剖面仪进行地层测量可减少采样密度，只需在不同的底质类型、地层结构发生明显变化处进行取样。所取柱状样的深度应在船锚及捕捞网具最大穿透度以下，一般应达2m左右。

⊖ 1kn（节）= 1n mile/h（海里/时）=（1852/3600）m/s = 0.514m/s。

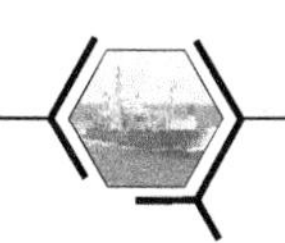

3.4.3 水文气象的测量过程

1. 浪、潮、流的观测

在登陆点附近没有长期潮位观测站和海浪观测站的海湾、海峡、河口地区，特别是在10m等深线以浅的水域应进行水动力状况的测量。其余海区可使用已有的资料。

(1) 潮汐观测。潮汐观测方法有水尺目测和验潮仪（水位计）记录两种。可视情况采用适宜的方法。在近海进行路由勘察同时进行潮位观测，以便进行测深的水位改正，掌握实测最高潮位和最低潮位出现的时间、涨落潮平均历时。

(2) 海浪观测。在没有海浪资料的海域，应做海浪观测，海浪观测方法有目测和仪器观测两种。了解各方位多年的最大波高、平均波高及季节变化。

(3) 海流。海流应在近岸段10m以浅海域设站分别进行大潮期及小潮期的周日连续观测，获取流向及流速资料。测流期间每隔3小时应测定一次风速、风向及船位。

2. 水温

在长距离或水深变化大的海域，应对底层水或海底的泥沙按路由总长度的1/10~1/20的距离设站进行温度测量，了解路由的温度变化，提出海缆设计所必需的基准温度值。如附近观测站有此资料，可以引用。

3. 风况

收集有关气象站以及船舶报资料，掌握风的季节变化、平均风速的季节变化、大风的季节变化，以及主要灾害性天气、寒潮、气旋、台风。

4. 海冰

海冰观测项目包括冰量、冰厚、流冰块大小、流冰方向和速度。海冰的资料可在附近的观测站收集。

海洋开发利用情况调查过程应注意：

(1) 锚泊。在路由区及其附近海域对港口、航道、锚泊点、船舶的类型、数量、吨位进行调查。

(2) 捕捞。对渔场及鱼虾贝藻养殖区、捕鱼船、捕捞量及捕捞方式（定置网、底拖网）等渔业状况进行调查。

(3) 寻找已敷设海底管线。使用磁力仪、故障探测仪探测海底是否有已敷设海缆及管线。

(4) 对海洋矿产、油田分布、油气资源量、开采量、石油平台、输油、输气、输水管线进行调查。

(5) 对路由区及邻近域的保护区、养殖区、军事区、倾废区等特殊区域进

行调查，搞清海缆与它们之间的关系。

3.4.4 其他与海缆有关因素的调查过程

（1）火山及地震。需要开展地质构造勘察的区域，使用地球物理勘察仪器，揭示海底地质构造，确定海底断裂带和火山、地震高发区。如路由区及其附近海域有地震、火山资料，则该项勘察可不进行。

（2）附着生物调查。对路由区藤壶、牡蛎等贝类附着生物进行采样、鉴定，确定它们能否在海缆上附着，有无腐蚀及破坏作用。

（3）硫化物含量测定。在粉砂、黏土等细粒物质分布区、养殖区、排污区、倾废区进行硫化物含量测定。埋设海缆应分别在表层0.5m及底层处取样，求得硫化物含量值，最高值以不大于100mg/kg为宜。

3.4.5 路由综合评价及路由选择的一般原则

在进行了预选登陆点和拟定的海上路由勘察之后，通过对勘察资料的分析、对比，对路由的有利及不利条件进行全面评价。在此基础上选择具有科学性、可靠性、经济性的最佳路由。

进行路由的评价与选择应注意以下几个方面：

（1）对路由评价要有针对性。针对勘察中获得的自然环境及海洋开发活动资料进行分析、评价。

（2）突出重点，抓住那些对海缆的安全有重要影响的内容做深入的分析与评价。重点在海岸与海底的稳定性、海底礁石、沉船等障碍物分布和海洋开发活动对海缆安全的影响。

（3）路由条件的好坏及其选择具有人为性及相对性，因而海缆路由的不足之处，可以通过海缆的制造技术、敷设技术以及今后的严格而又科学的管理得到弥补，不能强求被选择的路由完美无缺，只能选择到相对的最佳路由。

3.4.6 最终形成海缆路由勘察报告的内容

1. 概述

（1）调查依据、时间。

（2）勘察内容与工作量统计。

（3）勘察设备（含船只）。

（4）勘察单位人员。

2. 自然环境特征

（1）区域地质概况。

（2）地形、地貌特征。

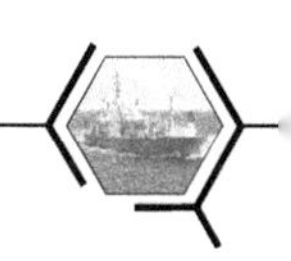

（3）风况。

（4）波浪。

（5）潮汐、潮流。

（6）海流。

（7）水温。

（8）海冰。

3. 预设登陆点及路由

4. 水深测量

5. 海底面状况测量

（1）地形、地貌。

（2）障碍物分布情况。

（3）附着生物的影响。

6. 埋设层状况

（1）底质类型。

（2）力学特性。

（3）硫化物含量及其腐蚀性。

7. 海洋开发活动

（1）渔捞及锚泊。

（2）海水养殖。

（3）航道、锚地、军事禁区、排污及倾废区。

（4）已建海缆、管道、石油平台、人工岛工程。

（5）各级政府及企业在路由区的开发利用规划。

8. 综合评价及路由的选择

（1）对路由的自然环境特征进行分析、评价。

（2）对海洋开发活动状况进行分析及评价。

（3）对可能产生的环境污染进行分析及评价。

（4）以可能性及经济性为基础，确定敷设或埋设路由。

9. 图纸及资料

（1）勘察站位图（航迹图）。

（2）海底光缆路由图。

（3）水深平面图。

（4）水深剖面图。

（5）底质类型平面图。

（6）路由底质柱状取样图。

（7）海底障碍物分布图。

(8) 海底地形地貌图。

(9) 登陆岸滩地形地貌图。

(10) 路由综合评价图。

(11) 旁侧声呐记录。

(12) 浅地层剖面仪记录。

(13) 多波束测深记录。

(14) 调查锚张力记录。

(15) 静力触探仪记录。

路由调查、勘测报告评审由调查单位的上级业务主管部门与路由调查、勘测的委托单位共同组织，邀请主管机关和有关专家参加，成立评审组。

根据勘察获取的各部分内容，由专家评审组进行评审，对路由勘察结果进行综合分析，进一步优选终端站、陆缆段路径、登陆点及海上段路径，确定一个路径方案。这既影响系统构成长度，也关系到系统设计质量。终端站、陆缆路径、登陆点和海缆路径的选择要根据多种因素综合考虑，如整个光缆网系统的布局与方便接入、平时便于维护和管理、战时的隐蔽性、抗毁能力、陆段及近岸的开发建设规划、海区的捕捞养殖及其他可能的使用、对系统长度的影响等。对照路由调查、勘测技术规格书的要求，审查路由调查、勘测外业工作质量，数据采集的可靠性，资料整理及分析的合理性，评价结论的正确性；从技术可行性、投资合理性和使用海域科学性审查推荐路由是否恰当。路由调查、勘测报告评审应提出书面评审意见。

3.5 组织海缆路由审查、报批及备案

在收到路由调查、勘测报告和成果评审书后，主管机关主持召开路由审查会议，邀请有关专家和路由区有开发利用活动的部门（包括军事机关）参加。审查会议应形成纪要，作为主管机关审批路由和协调赔偿责任的依据。

路由审查会议的主要内容有：

(1) 路由调查、勘测申请书的实施情况和推荐路由的合理性和可行性。

(2) 海底电缆、管道路由与其他海洋资源开发活动的相互影响与协调。

(3) 其他与审批海底电缆、管道路由有关的事项。

对海缆路由勘察后通过专家评审的最终确定路由报国家海洋局有关分局审批，并进行相关备案。

将修改后的海缆路由海域使用论证报告和专家评审意见以及海缆所有者的海域使用申请函、相关材料报海洋管理部门；再根据所使用的海域面积向海洋管理部门缴纳海域使用金；申领海域使用权证；由海洋主管部门牵头会同有关部门就

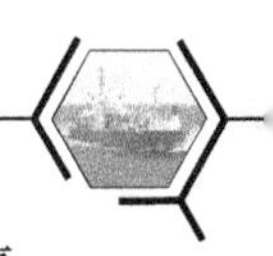

海洋渔业资源赔偿和补偿等事宜进行协调；海缆所有者向海洋管理部门申请海底电缆铺设施工许可证。

海缆所有者向海洋管理部门或海洋环境保护管理部门咨询：开展海洋工程环境评价报告书的编写或海洋工程环境评价报告表的编制；委托有海洋环境评价资质的技术单位进行编写或编制；如果需要进行海洋工程环境评价报告书的编写，则先进行海洋工程环境评价工作大纲的编制；海洋环境保护管理部门组织专家对大纲进行技术评审和相关部门的协调会；技术承担单位就专家的评审意见进行大纲的修改，并送管理部门审批后开展评价报告编写工作（外业和内业工作）；报告完成后，由海洋环境保护管理部门组织专家对评价报告书进行技术评审，会后形成会议纪要和专家评审意见连同报告书报送海洋管理部门审批。

海缆路由审查、报批及备案流程如图 3.4 所示。

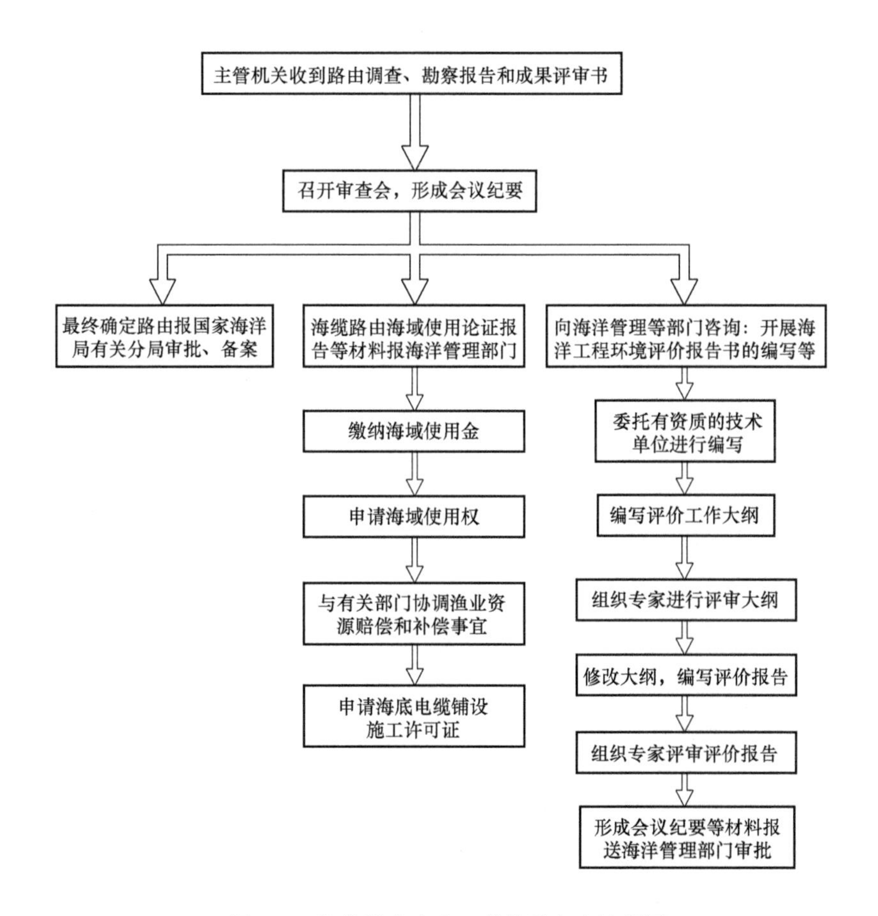

图 3.4　海缆路由审查、报批及备案流程图

3.6 工程初步设计编制

工程建设项目一般按照初步设计、施工图设计两个阶段进行设计。技术简单的中型、小型项目，经工程建设管理部门批准，在设计方案确定以后，可以直接进行施工图设计；技术复杂的大型、中型项目，应当根据工程建设管理部门的要求，按照初步设计、技术设计和施工图设计三个阶段进行设计。技术文件应当根据批准的初步设计文件编制。

初步设计文件的编制和审批，必须贯彻执行国家和部队的政策和法规，符合工程建设标准、设计规范和制图标准，遵循设计工作程序和限额设计管理规定，积极采用成熟可靠的新技术、新工艺、新设备和新材料。

各级工程建设管理部门和设计单位应当依据批准的设计任务书确定的建设规模、总投资和建设标准，编制和审批初步设计文件。没有批准设计任务书的项目，不得审批初步设计文件；没有批准初步设计文件的项目，不得提交施工图设计文件。

初步设计文件包含以下三部分。

3.6.1 设计说明

设计说明书由设计总说明和各专业设计说明书组成，设计总说明包括以下内容：

1. 概述

(1) 工程概况。

(2) 设计的主要依据。

(3) 设计的规模、项目组成和分期建设情况，以及设计的范围与分工。

(4) 主要工程量。

2. 对所选路由的论述

(1) 海底光缆登陆点及路由选择方案、选定的理由。

(2) 路由海区自然环境概况。

3. 主要设计标准和技术措施

(1) 海底光缆的选型及指标。

(2) 海底光缆路由渔网、养殖清除要求。

(3) 海底光缆路由扫海清障要求。

(4) 敷设安装标准及要求。

(5) 线路保护及防护措施。

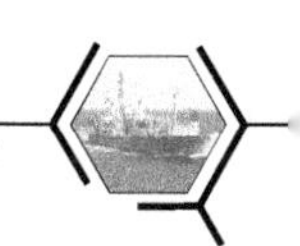

4. 需要说明的其他有关问题

3.6.2　工程概算

工程概算书应当由编制总说明、单位工程概算、单项工程概算和建设项目总概算书组成。工程概算书必须执行国家和部队有关规定，依据工程建设项目所在地方有关部门最新发布的工程造价定额、指标、取费标准等，按照单位工程概算、单位工程综合概算和建设项目总概算三级进行编制并逐级汇总。

工程概算书编制总说明包括下列主要内容：

（1）建设规模、建设范围、工程主要情况和工程概算总值等工程概况。

（2）概算采用的定额、指标、取费标准和主要材料概算规格等编制依据。

（3）采用概算定额或概算指标等编制方法的说明。

（4）各项投资比例、费用构成和限额设计投资控制指标，以及与类似工程经济合理性的比较等投资分析。

（5）技术经济指标和主要材料消耗。

（6）其他有关问题。

编制工程概算一般采用表格方式，工程概算表格应当根据工程性质、建设规模和概算编制方法而定。采用概算定额编制概算时，应当包括总概算表、单项工程综合概算表、单位工程概算表、其他费用概算表、单位估价表和材料概算价格计算表等。采用概算指标编制概算时，可以适当简化。工程概算书应当附编制概算所采用的地区定额、指标、价格表和取费标准等相关资料或者数据。

工程概算费用按照投资构成划分为以下五部分：

（1）建筑工程费。

（2）安装工程费。

（3）设备及工器具购置费。

（4）工程建设其他费用。

（5）预备费。

3.6.3　图纸

设计图纸应包含以下内容：

（1）海底光缆路由图。

（2）海底光缆线路系统配置图。

（3）登陆段路由示意图。

（4）海底光缆路由地形剖面图。

初步设计文件结构如图 3.5 所示。

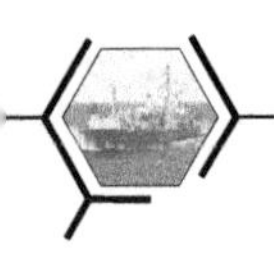

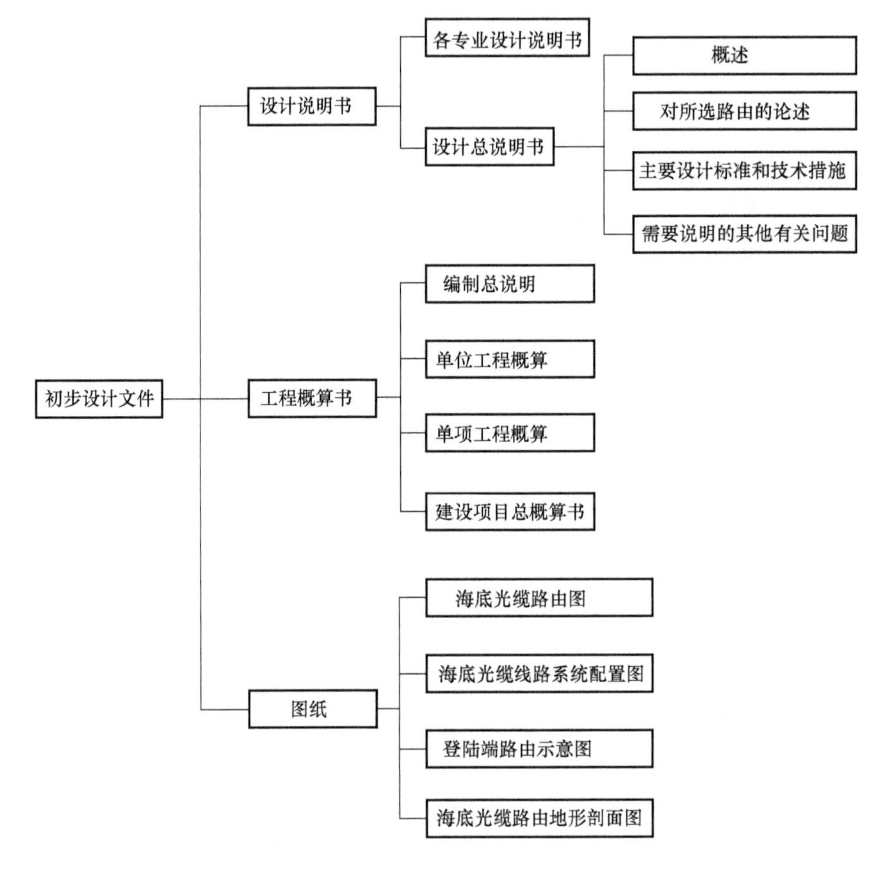

图 3.5　初步设计文件结构图

3.7　初步设计评审

根据初步设计文件中的各部分内容，建设单位组织本领域专家进行评审，对初步设计内容进行综合分析，对海底光缆登陆点及路由选择方案、选定的理由、主要设计标准和技术措施，以及海底光缆线路系统相关图纸进行讨论。

3.8　施工图设计编制

施工图设计是海底光缆施工的重要依据，对工程顺利施工，保障工作质量、工程进度、投资效益具有决定性的作用。包括海缆路由的选择、海缆和接头盒的指标、工程预算和各种图纸。

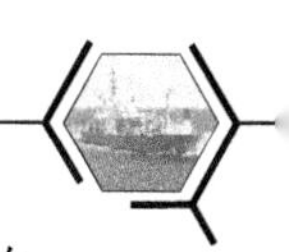

工程预算是施工图设计的重要组成部分，是考核工程成本和确定工程造价的依据，是考核施工图设计经济合理性的依据，也是工程价款结算的依据，在施工招标承包制中是确定标的的基础，也是施工单位签订承包合同的依据。

靠综合因素选择路径，就可能产生照顾其他有利因素，而带来的路径环境不利海缆安全使用的问题，这就需要我们靠人为设计来克服，就是要注重特殊地段的防护，这是保证海缆长期、安全可靠使用的必要措施。主动作为，杜绝防护上的薄弱环节和薄弱点，这样才能保障海缆系统整体的防护效益。

3.8.1 施工图设计的设计依据

（1）工程设计任务书中《××海缆建设工程经费估算审核表》。

（2）《××海缆建设工程立项综合论证报告》。

（3）《××海缆建设工程海底光缆桌面研究论证报告》。

（4）《××海缆建设工程路由勘察技术规范书》。

（5）《××海缆建设工程海底光缆技术规范书》。

（6）《××海缆建设工程海底光缆测试技术规范书》。

（7）《××海缆建设工程海底光缆接头盒技术规范书》。

（8）《××海缆建设工程海底光缆工程施工技术规范书》。

（9）《××海缆建设工程路由勘察初步成果报告》。

（10）《××海缆建设工程初步设计》。

（11）建设单位提供的相关材料。

（12）有关技术标准和规范。

3.8.2 施工图设计的内容

施工图设计文件包含以下三部分：

1. 设计说明

（1）概述

1）工程概况。

2）设计依据。

3）设计范围与分工：海底光缆线路单向工程的施工图设计主要是两水线井之间的部分，主要包括海底光缆埋设、铺设，两端海底光缆登陆，陆地海底光缆人工埋设，滩涂加固，水线井（房）及禁锚牌等。

4）本设计变更初步设计的主要内容。

5）主要工程量。

（2）海底光缆线路部分说明

1）海底光缆登陆点及路由选择方案。

2）路由海区自然环境概况：包括地形、地貌、底质、障碍物、水文气象（潮汐、潮流、风、浪、水温、海冰、雷暴）、渔捞养殖、海洋开发、锚地、航道、既设海缆交越情况等。

（3）敷设安装标准、技术措施和施工要求

1）海底光缆的选型及指标。

2）海底光缆路由渔网、养殖清除要求。

3）海底光缆路由扫海清障要求。

4）敷设安装标准及要求：包括敷设方式，敷设长度，埋深要求，防雷、洪水冲刷、磨损等具体保护措施。

5）线路保护及防护措施：包括标石安装要求、过马路岸坡的保护、登陆段海底光缆的保护处理、防雷排流线的布设、水线禁锚标志牌的安装、预留海底光缆的处理等。

6）海底光缆线路维护组织：包括日常维护与分工、海底光缆的故障抢修与分工、备品备件维护管理、维护用仪表工器具的配置等。

（4）需要说明的其他有关问题

1）施工注意事项和有关施工的建议。

2）对外联系工作。

3）其他。

2. 工程概预算

（1）意义

工程项目的概预算是设计文件的重要组成部分。概预算是初步设计概算和施工图设计预算的统称。概预算含义是从项目的筹建直到竣工验收全部建设费用的总和。

概预算随着设计阶段的不同而有不同的叫法，包含的内容和组成也不完全一样。一个工程项目在进行可行性研究或方案设计时算出来的全部费用叫做投资估算。在初步设计阶段叫做概算，在技术设计阶段叫做修正概算，在施工图设计阶段叫做预算，在竣工验收时叫做竣工决算。

工程预算是施工图设计的重要组成部分，是考核工程成本和确定工程造价的依据，是考核施工图设计经济合理性的依据，也是工程价款结算的依据，在施工招标承包制中是确定标的基础，也是施工单位签订承包合同的依据。

（2）编制依据

1）批准的初步设计概算和审批文件。

2）施工图设计图纸及设计说明书。

3）国家有关部委以及部队颁发的现行定额、标准和规范，参见中国人民解放军总参谋部通信部颁发的《国防通信工程概、预算编制办法》。

4）国家主管部门批准的有关设备、材料、工器具等价格文件，参见中国人民解放军总参谋部通信部颁发的《通信工程物资器材供应目录》。

5）工程所在地政府发布的现行有关土地征用和赔补费用规定。

（3）费用组成

通信工程建设项目总费用由工程费、工程建设其他费和预备费三部分组成，具体项目构成如下：

1）直接费：包括定额直接费［人工费（计费参考）、材料费、机械使用费］和其他直接费。

（a）人工费：指列入预算定额的直接从事通信工程施工人员的基本工资、劳动保护费等费用；凡属部队承建的通信工程，其人工费仅作计算有关费用的参考基数，不列入工程总投资。

通信建设工程综合取定每工日人工费标准：

预算人工费=技工费+普工费；

预算技工费=技工单价×预算技工总工日；

预算普工费=普工单价×预算普工总工日。

（b）材料费：指施工过程中耗用的构成工程实体的原材料、辅助材料、构配件、零件、半成品的费用和周转使用材料的摊销费用。

材料费=主要材料费+辅助材料费；

主要材料费=材料原价+业务加成费+包装费+运杂费（含运输保险费）；

辅助材料费=主要材料费×辅助材料系数；

（c）机械使用费：主要指燃料动力和维修等费用，具体为

机械使用费=机械台班单价×预算机械台班。

（d）其他直接费：指在预算定额规定以外而直接用于工程施工的费用。

凡预算定额中采用技工、普工分列的，在编制预算时，应以技工、普工各自的人工费为基础分别乘以各自的相关费率进行编制。其项目包括：

冬雨季施工增加费：指在冬季、雨季施工时，采取防寒保温、防雨防洪安全措施及工效降低所增加的费用。冬雨季施工增加费=预算人工费×冬雨季施工增加费费率。

夜间施工增加费：指必须组织夜间施工时，夜间施工所发生照明及其设施增加费和工效降低所增加的费用。夜间施工增加费=预算人工费×夜间施工增加费费率。

工程干扰费：指在城区内施工的线路、管道工程由于受交通干扰、园林绿化、人流密集、市政配合、输电线等影响所发生的安全措施及降效补偿费用。工程干扰费=预算人工费×工程干扰费费率。

特殊地区施工增加费：指在原始森林、海拔2000m以上高原、远离大陆岛

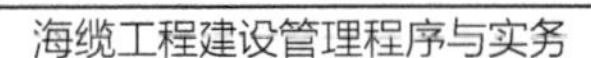

屿（37040m 外）、风沙区（指内蒙古及西北的非固定沙漠地带且风力经常在四级以上地区）、核污染地区等地区施工时增加的特殊补助津贴。

新技术培训费：指特定新技术工程、施工单位培训施工人员所发生的费用。新技术培训费=预算技工费×新技术培训费费率。

仪器仪表使用费：指通信工程中使用的仪器仪表的维修费用。

施工工具用具使用费：指施工所需的不属于配发的工具用具等购置和维修费用。

工程车辆使用费：指通信工程施工中的车辆燃料和车辆维修费用。工程车辆使用费=预算人工费×工程车辆使用费费率。

工地器材搬运费：指通信线路工程施工中由工地集配点至施工现场之间的材料搬运所发生的费用。工地器材搬运费=预算人工费×工地器材搬运费费率。

生活补助费：指施工单位流动施工期间的人员生活补助费用。

工程点交、场地清理费：指按规定编制竣工图及资料、工程点交、施工场地清理等发生的费用。工程点交、场地清理费=预算技工费×工程点交、场地清理费费率。

施工用水、电费：指施工过程中使用水、电所发生的费用。

2）间接费：包括施工管理费、临时设施费和其他间接费用。

（a）施工管理费：指为组织和管理施工所发生的各项费用。

施工管理费=计算基础×施工管理费费率。

非编人员工资：指工程部队中非编的工程技术、行政和勤杂人员等的基本工资、辅助工资和工资性津贴。

办公费：指现场管理办公用的文具、纸张、账表、印刷、邮电、书报、会议、水、电、烧水和集体取暖（包括现场临时宿舍取暖）等费用。

差旅交通费：指因工程施工管理而发生的差旅费、劳务招募费、工伤人员就医路费和工程管理使用的交通工具所需费用。

劳动保护费：指劳动用品的购置和修理费，特殊和有害工种的保健费、防暑降温费、安全技术设施费、工地洗澡等费用。

（b）临时设施费：指施工单位为进行施工所必需的临时建（构）筑物和其他设施，主要包括：临时办公室、宿舍、文化福利公用房屋、仓库、加工厂和施工现场范围内的临时道路，水、电、通信设施的构筑，维修、拆除以及土地临时占用费等。

临时设施费=计算基础×临时设施费费率。

3）设备、工器具购置费：指通信装备以外工程所需的各种专用设备、附属设备、电源设备、仪表、工具、器具等的购置费。

设备、工器具购置费=设备、工器具+业务加成费+包装费+运杂费（含运输

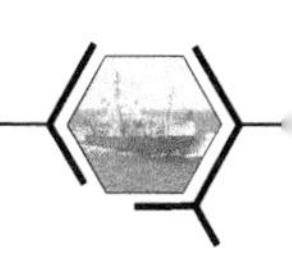

保险费)。

其中业务加成费按设备、工器具原价的1%计取，通信装备不计取；

包装费应根据具体情况计列；

运杂费（含运输保险费)= 设备、工器具原价×设备、工器具运杂费费率。

4）工程建设其他费：指为进行此项建设，不包括在上述费用中，且须单独计核的费用。它包括：

(a）民工雇请及赔偿费：指光（电）缆线路工程雇请部分民工进行非技术性作业［如挖填光（电）缆沟］所需的费用以及施工障碍处理如青苗、树林、道路等赔偿所发生的费用。

(b）联合试运转费：指按照设计规定的工程质量标准，由建设单位组织进行全系统负荷或无负荷联合试运转的费用，由设计单位根据建设项目实际需要计列。

(c）勘察设计费：指为建设项目提供可行性研究报告、勘察工作的补助费用以及委托工程勘察设计所需费用。委托地方勘察设计的建设项目其收费标准按国家颁布的现行《工程设计收费标准》和《工程勘察取费标准》执行，部队自行设计建设项目按部队勘察设计收费的有关规定计列。

(d）供电贴费：指为本建设项目按电力部门规定应缴付的供电工程贴费。

(e）施工队伍调遣费：指因建设任务需要，应支付给施工队伍的调遣费用。

(f）大型施工机械调遣费：指大型施工机械调遣所发生的费用。

(g）建设单位管理费：指建设单位为进行建设项目筹建和工程建设管理所发生的费用。

建设单位管理费=(通信安装工程费+需要安装的设备费)×建设单位管理费率。

(h）其他费用：指根据建设任务的需要，必须列支的其他费用。

5）预备费：指在初步设计及概算内难以预料的费用，内容包括：

(a）在批准的初步设计范围内，施工图设计及施工过程中所增加的费用，设计变更等增加的费用。

(b）一般自然灾害造成工程损失和预防自然灾害所采取措施的费用。

(c）竣工验收时，鉴定工程质量对隐蔽工程进行必要的挖掘和修复费用。

(d）建设项目在建设期间，由于国家主管部门政策性价格调整而发生的差价。

预备费=(工程费+工程建设其他费)×预备费费率。

(4）海底光缆线路工程有关的取费补充说明

1）材料运杂费率：海底光缆运杂费按2000km计算，电缆、钢材、木材及木制品按1500km计算，其他按500km计算。

2）设备运杂费率按1500km计取。

3）租渔船费按2000元/天计取。

4）勘察设计费按国家标准取费的65%计取。

5）海洋调查费按国家标准取费的65%计取。

6）施工监理费按信息产业部标准取费的65%计取。

7）由于通信工程预算定额中的海底光缆部分，没有制定海缆船路由清障扫海、海洋路由调查、施工警戒、路由管线探测、打捞回收海缆、拖船拖带等施工定额，设计一般参考已有的施工定额。

（5）概算、预算文件的组成

概算、预算文件由编制说明和预算表格组成。概算、预算说明应包括下列内容：

1）概算、预算说明

（a）工程概况、概预算总金额。

（b）有关费率及费用的取定。

（c）其他需要说明的问题。

2）概算、预算表

（a）表一：《概算、预算总表》。

（b）表二：《通信安装工程费用概算、预算表》。

（c）表三：《通信安装工程量概算、预算表》。

（d）表四：《安装工程施工机械使用费概算、预算表》。

（e）表五：《器材概算、预算表》。

（f）表六：《工程建设其他费用概算、预算表》。

3. 图纸

（1）海底光缆路由图。

（2）海底光缆路由地形剖面及施工图。

（3）登陆段路由地形及敷设安装示意图。

（4）滩涂、陆地直埋海底光缆设计图。

（5）海底光缆岸滩固定装置示意图。

（6）8字圈盘留示意图。

（7）禁锚牌设计图。

（8）线路标桩设计图。

（9）绝缘监测标石加工图。

（10）绝缘检测装置接线图。

（11）水泥盖板加工图。

（12）水线井设计图。

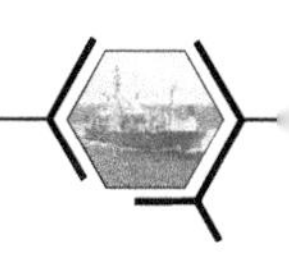

(13) 水线井光缆安装示意图。

(14) 水线井海底光缆铠装固定装置安装示意图。

(15) 水线井海底光缆固定装置及水泥管块加工图。

(16) 海底光缆结构图。

(17) 海底光缆接头盒结构示意图。

(18) 海陆光缆接头盒结构示意图。

施工图设计如图 3.6 所示。

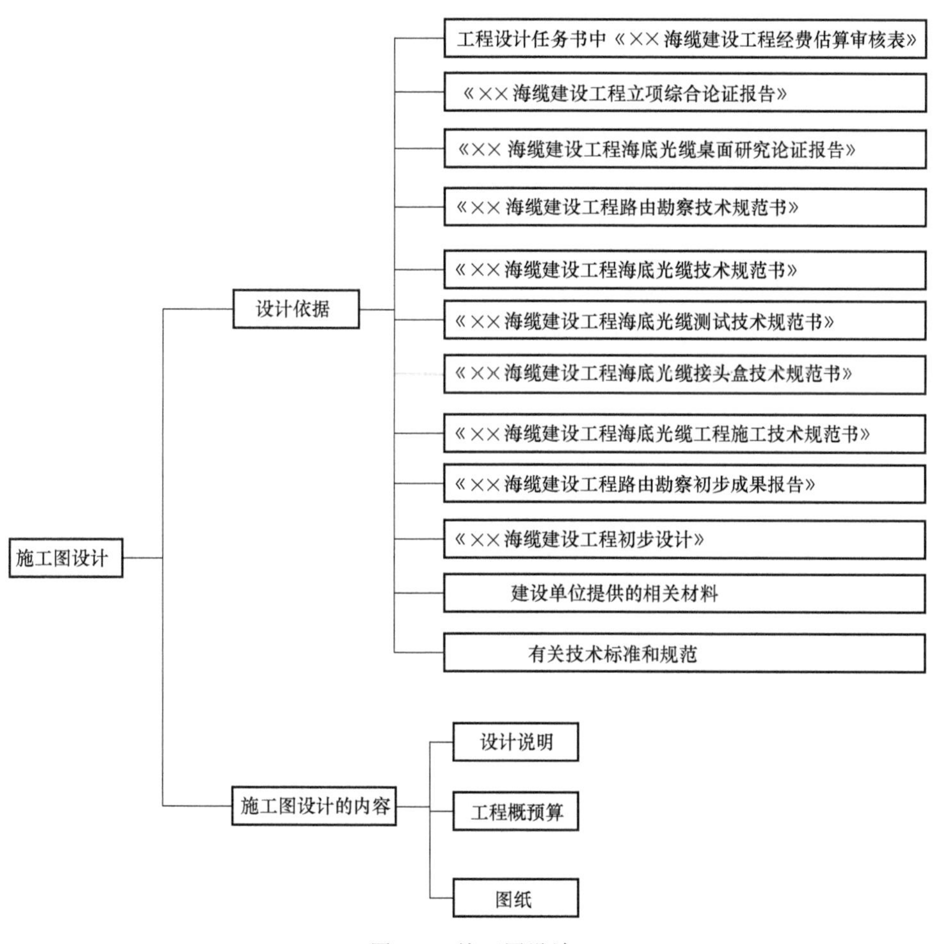

图 3.6　施工图设计

3.9　组织工程招标、评标、投标工作

根据《中华人民共和国招标投标法》和《部队工程建设项目施工招标管理

办法》的相关规定，组织工程招标、评标和投标工作，注意的相关事项如下：

工程建设项目施工招标由建设单位或者由其委托的招标代理机构按照规定程序组织实施，工程建设项目施工招标应当具备下列条件：

（1）工程建设项目设计任务书已经批准，初步设计已经审定。

（2）工程建设项目已列入工程建设年度计划。

（3）有满足施工招标需要的设计文件及其他技术资料。

（4）法规、规章规定的其他条件。

招标单位不得将施工招标工程肢解招标。工程建设项目施工招标分为公开招标和邀请招标：公开招标，由招标单位通过新闻媒介公开发布招标公告，邀请不特定的施工单位投标；邀请招标，由招标单位通过邀请书的方式，邀请三个以上特定的施工单位投标；不宜面向社会招标的工程建设项目，可以在局部实行邀请招标。招标单位应当按照下列程序组织工程建设项目施工招标：

（1）建立招标组织。

（2）填报《工程建设项目施工招标申请表》。

（3）编报招标文件和标底。

（4）发布招标公告或者招标邀请书。

（5）投标单位申请投标。

（6）审查投标单位资质。

（7）分发招标文件及设计图纸、技术资料等。

（8）组织投标单位踏勘现场并答疑。

（9）组成评标组织，召开开标会议。

（10）组织评标，确定中标单位。

（11）核发中标通知书。

（12）报请审查合同草案后，签订施工合同。

工程建设项目招标流程如图3.7所示。

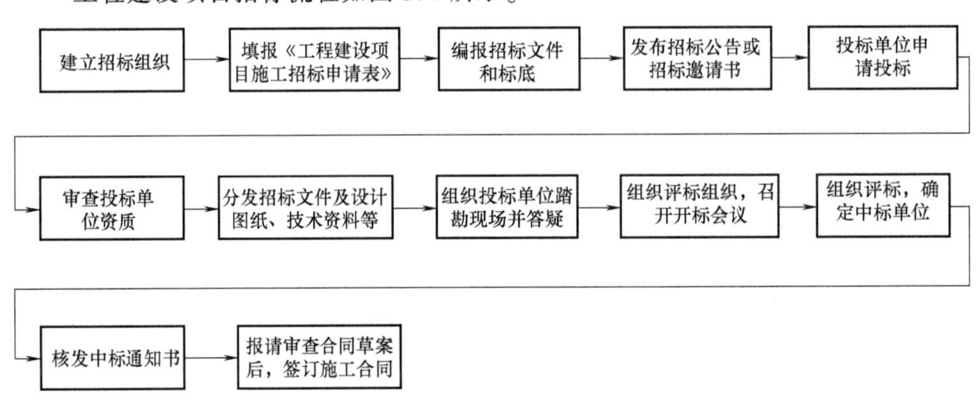

图3.7　工程建设项目招标流程图

招标单位应当根据招标工程的需要，对投标单位资格进行预审。资格预审文件主要包括下列内容：

（1）单位名称、地址、法定代表人或者单位负责人姓名和开户银行账号。

（2）营业执照或者有偿服务许可证。

（3）资质等级证书。

（4）单位概况。

（5）资信证明。

（6）参加投标的法人委托证件。

（7）项目经理资质证书。

（8）完成的主要业绩及信誉情况。

经过资格预审后，招标单位应当向资格预审合格的投标单位发出资格预审合格通知书，告知获取招标文件的时间、地点和方法，并同时向资格预审不合格的投标单位告知预审结果。

招标单位应当根据工程建设项目施工的特点和需要，编制招标文件。招标文件主要包括下列内容：

（1）工程建设项目名称、建设地点、占地范围、建筑面积或者主要工程量及技术要求。

（2）招标方式、范围，标底确定方法、计价依据及适用定额，工程质量、工期以及现场条件，对投标单位资质的要求，投标保证金（一般为概算的2%）及履约保证金（一般为概算的5%~10%）等要求。

（3）结算价款调整。

（4）主要材料与设备的供应方式及材料、设备价差的处理方法。

（5）工程款的支付方式及工程保修要求。

（6）评标原则、方法和标准。

（7）投标书的编制及参加开标会的要求，投标无效的说明。

（8）其他要求。

招标文件经招标管理机构审批后，招标单位方可发布招标公告或者发出招标邀请书。

招标文件一经发出，其内容不得擅自变更。确需变更的，应当报招标管理机构批准，并在投标截止日期10天前，以书面形式通知投标单位。

招标文件发出后10天内，招标单位应当组织答疑会。答疑会会议纪要作为招标文件的补充，必须报招标管理机构批准后，以书面形式通知投标单位。

招标单位应当在招标文件中合理确定投标单位编制投标文件所需要的时间。发出招标文件至投标截止时间，小型工程不少于15天，大中型工程不少于20天。

工程建设项目施工招标，需要编制标底的，应当依据国家和部队规定的工程量计算规则及招标文件规定的计价方法和要求编制标底，并在开标前保密。一个招标工程只允许编制一个标底。

招标单位发出招标文件时可以向投标单位酌收工本费。其中设计文件应当酌收押金，投标单位在开标后将设计文件退还的，招标单位应将押金退还。

招标单位应当指定专人签收保存投标单位按照要求提交的投标文件，不得开启和拆封；招标文件要求提供投标保证金的，应当同时收取保证金。拒收投标单位在投标截止时间后送达的投标文件。公开招标时投标单位少于 6 个，或者邀请招标时投标单位少于 3 个的，招标单位应当依据本办法重新组织招标。

招标单位应当允许两个以上施工单位组成一个联合体，以一个投标单位的身份共同投标，联合体各方均应具有相应的资质条件。但不得强制投标单位组成联合体，或者限制投标单位之间的竞争。

开标应当按照招标文件确定的时间、地点公开进行。开标由招标单位主持，邀请所有投标单位参加。开标时，由投标单位或者其推选的代表检查投标文件的密封情况，也可以由招标单位委托的公正机构进行检查并公证；经确认无误后，由有关工作人员当众拆封，宣读投标单位名称、投标价格和投标文件的其他主要内容。开标过程应当记录，并存档备查。

投标文件有下列情形之一的，应当视为无效：

（1）未密封的。

（2）未加盖投标单位和法定代表人印鉴的，或者企业法定代表人委托代理人无合法、有效的委托书及委托代理人印鉴的。

（3）未按照招标文件要求填写，字迹模糊、无法辨认的。

（4）投标单位法人代表或者委托代理人无故不参加开标活动的。

（5）违反招标文件其他规定的。

评标由招标单位依法组建的评标委员会负责，并接受招标管理机构的监督。

评标委员会由招标单位的代表和有关专家组成，评标成员应当为 5 人以上单数，其中招标单位代表应当选派工程、财务等相关部门管理人员参加，评标专家不得少于评标成员总数的 2/3。

评标专家成员，应当由招标单位从上级工程管理部门建立的评标专家库中随机抽取。

与投标单位有利害关系的人员不得进入相关的评标委员会，已经进入的应当更换。评标委员会成员的名单在中标结果确定前应当保密。

上级工程管理部门组织建立的评标专家库，其成员应当是从事工程建设管理、工程质量监督以及勘察、设计、施工、造价咨询、工程监理的技术、管理、经济专家。

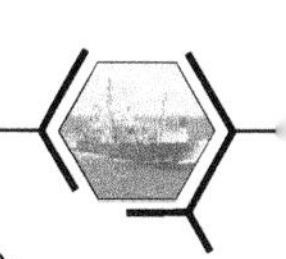

评标委员会应当按照招标文件确定的评标原则、标准、方法，对各投标单位的投标文件进行综合评审和比较，提出评标结果并签字确认。设有标底的，应当参考标底。

招标单位可以根据招标工程项目特点，采用综合评估法、经评审的最低报价法或者法律、法规允许的其他评标方法进行评标。

采用综合评估法的，应当对投标文件提出的工程质量、施工工期、投标报价、施工组织设计、投标单位及项目经理业绩等情况，进行定量评审和比较，也可以参考统一的定量评标评分标准，制定某一招标项目的评标评分标准。

采用经评审的最低报价法的，应当在投标文件能够满足招标文件实质性要求的投标单位中，评审出投标价格最低的投标单位，但不得低于成本价。

评标标底可以以审定标底与各投标单位投标报价平均数的加权平均值确定。具体计算公式为：$D=aA+bB$。其中，D 为评标标底；A 为审定标底，其权值为 a；B 为投标报价平均数，其权值为 b；a、b 可以根据具体情况设定，但是 $a+b=1$。

评标委员会完成评标后，应当宣布评标结果和预中标单位，并向招标单位提出书面评标报告。招标单位应于 5 日内写出决标报告，报本系统、本区工程建设项目设备采购招标管理机构和工程建设管理部门审查、定标。

评标委员会完成评标后，应当宣布评标结果和预中标单位，并向招标单位提出书面评标报告。

招标单位应于 5 日内写出决标报告，报本系统、本区工程建设项目施工招标管理机构和工程建设管理部门审查、定标。

定标后，招标单位应当向中标单位发出中标通知书，同时通知未中标单位。中标通知书发出 30 天内，建设单位与中标单位应当依据招标文件和投标文件，按照《建设工程设备采购合同示范文本》拟制合同草案，按照管理权限报有关工程管理部门和招标管理机构审查后，送同级财务部门审查合同草案的经费条款。自工程管理部门、财务部门和招标管理机构收到工程合同草案之日起 8 个工作日内，工程管理部门、财务部门均无异议后，签订正式工程设备采购合同。有履约保证金要求的，应当收缴履约保证金。合同副本报工程管理部门和财务部门备案。

工程建设项目施工招标费用不超过下列最高限额：

（1）标底编制费按大、中、小型建设项目，分别为标底价的 2‰、2.5‰和 3‰，由建设单位与编制单位商定。

（2）标底审查费按大型和其他建设项目，分别为标底价的 1.5‰和 2‰，由建设单位与审查单位商定。

（3）招标代理费用为中标价的 1‰，由建设单位与代理机构商定。

(4) 招标管理费，参照有关规定执行。

违反以上要求的，由上级工程建设管理部门或者由工程建设管理部门授权招标管理机构，按照下列规定给予处罚：

(1) 依据本办法必须招标而未招标或者未按照本办法组织招标擅自开工的，责令建设单位停止施工，按照本办法组织招标，并处以责任单位工程造价1%以下的罚款，取消施工单位1~3年的投标资格。

(2) 投标单位虚报资质等级和业绩的，或者串通他人作弊、哄抬标价，扰乱招标秩序，致使定标困难或者无法定标的，或者假借他人名义投标的，应当责令其退出投标，并处以工程造价1%以下的罚款，取消其1~3年的投标资格。

(3) 定标后逾期或者拒签施工合同的，对责任单位处以中标价1%的罚款。

(4) 施工单位私自转包、擅自分包中标工程或者随意更换项目经理的，责令改正，处以工程造价1%以下的罚款，并取消其1年以上的投标资格。

(5) 建设单位违反合同规定，强行指定分包单位或者指定材料、构配件和设备生产厂商的，责令改正，损失自负。

按照前款实施处罚，应当下达处罚通知书，并使用统一的财务收据。

完成工程招标、评标和投标工作后，确定中标单位，选定其作为施工单位，签订施工协议。

3.10 成立工程项目部及内部协调

根据工程主管部门的意见，施工单位组织自身精干力量，以及聘请该领域的专家，在工程主管部门的领导下，成立工程项目部，明确项目部成员的自身职责，划分各自的权限边界，建立组织间的联系方式，加强组织内部协调，选定各自负责人，做好对接工作。

3.11 制定海缆工程实施项目进度计划

根据海缆工程的特点，制定实施项目进度计划，必须满足以下原则：

(1) 根据海缆工程的实际环境背景，合理使用施工工具，提高施工效率，加快施工进度。

(2) 各施工项目程序前后兼顾，衔接合理，减少相互干扰，均衡施工。

(3) 保证工程质量的前提下，力争缩短工期。

在项目实施过程中，应集中力量，加大设备投入，天气好时应集中人力、物力在尽可能短的时间内完成施工；各分项工程的施工穿插进行，既要按施工程序施工，又要采用平行交叉作业，尽量做到布局合理，又互不干扰原则；对施工中

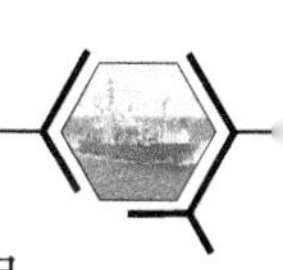

的关键环节，集中精干人力和精良的施工设备，备足材料，进行施工，确保项目的总工期。

按照海缆工程工期要求，施工单位画出工程施工进度计划表。

3.12　与国家、地方有关国土资源、海洋等管理部门申报协调

施工单位根据海缆工程施工进度计划表中涉及的海缆登陆点和铺设路由向部队（内部）和国家、地方有关国土资源、海洋等管理部门进行申报，经相关部门审批通过后，方可进行下一步的具体施工。如果遇到与部队或者国家、地方建设相冲突的地方，必须与相关部门进行协调，达成一致意见并在该部门备案后才可进行海缆施工。

3.13　组织工程设备采购招标

工程设备招标一般分为公开招标和邀请招标。公开招标，由招标单位通过指定媒介发布招标公告的方式，邀请不特定的单位投标；邀请招标，由招标单位通过邀请书的方式，邀请3个以上特定的单位投标。

针对部队物资，集中采购主要采用下列方式：

1. 公开招标

物资采购项目满足以下条件：

(1) 物资达到一定规模、无保密要求。

(2) 供应商有一定数量、存在市场竞争。

(3) 物资通用性强、有明确的技术标准和规模要求。

(4) 按照法定程序组织公开招标有时间保证。

(5) 可以以价格为基础做出中标决定。

2. 邀请招标

物资采购项目满足以下条件：

(1) 涉及国家安全和军事秘密。

(2) 具有特殊性，只能从有限范围的供应商处采购。

(3) 采用公开招标方式所需费用占采购总价值比例过大。

3. 竞争性谈判

物资采购项目满足以下条件：

(1) 招标后无供应商投标或者无合格标的。

(2) 技术复杂或者性质特殊，无法确定详细规模或者具体要求。

（3）无法事先计算出价格总额。

4. 询价

采购的物资规模和标准统一、现货货源充足且价格变化幅度小的采购项目。

5. 单一来源采购

物资采购项目满足以下条件：

（1）只能从唯一供应商处获得。

（2）发生了不可预见的紧急情况无法从其他供应商处采购。

（3）必须满足原有物资采购项目一致性或者配套要求，需要继续从原供应商处添购，且采购资金总额不超过原合同采购金额10%。

部队集中采购方式如图3.8所示。

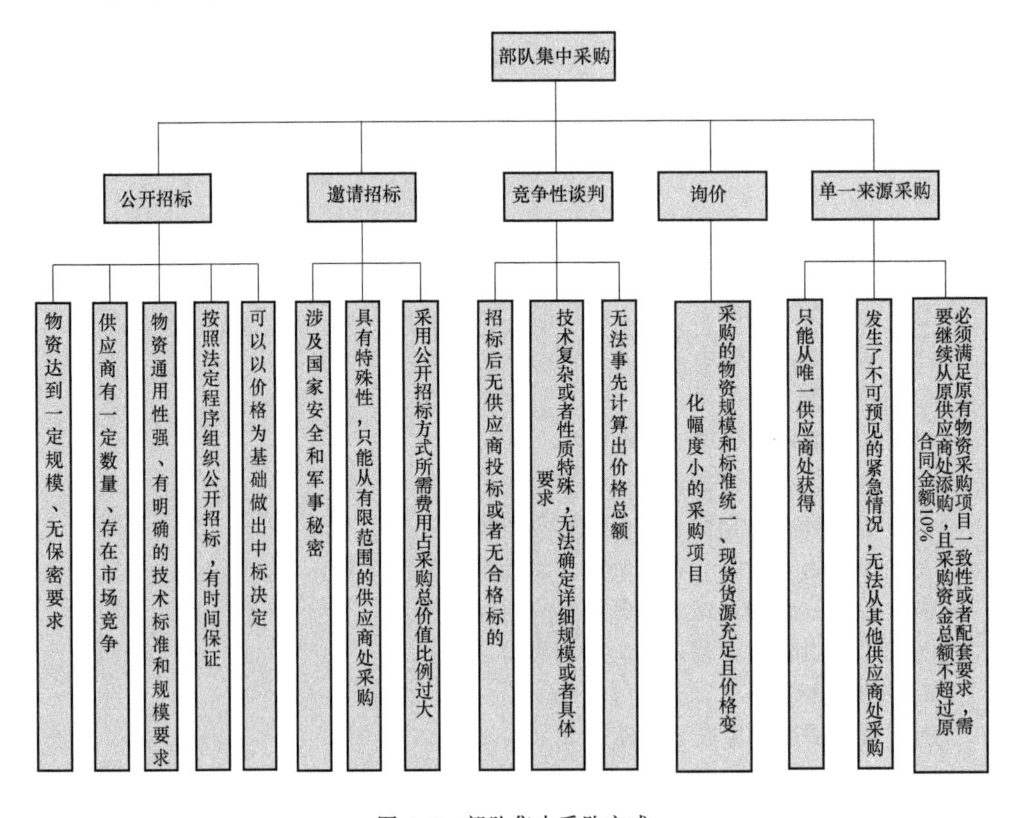

图3.8　部队集中采购方式

3.13.1　设备采购招标组织方法及要求

招标单位按照下列程序组织工程设备采购招标：

（1）建立招标组织。

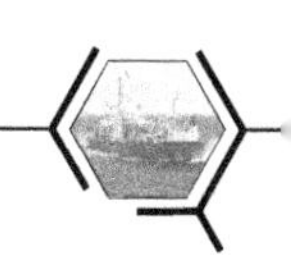

（2）填报《工程设备采购招标申请表》。

（3）编报招标文件和标底。

（4）发布招标公告或者招标邀请书。

（5）投标单位申请投标。

（6）审查投标单位资质。

（7）分发招标文件及设计图纸、技术资料等。

（8）组织投标单位踏勘现场并答疑。

（9）组成评标组织，召开开标会议。

（10）组织评标，确定中标单位。

（11）核发中标通知书。

（12）报请审查合同草案后，签订工程设备采购合同。

招标单位应当根据招标工程的需要，对投标单位资格进行预审。

资格预审文件主要包括下列内容：

（1）单位名称、地址、法定代表人或者单位负责人姓名和开户银行账号。

（2）营业执照或者有偿服务许可证。

（3）资质等级证书。

（4）单位概况。

（5）资信证明。

（6）参加投标的法人委托证件。

（7）项目经理资质证书。

（8）完成的主要业绩及信誉情况。

经过资格预审后，招标单位应当向资格预审合格的投标单位发出资格预审合格通知书，告知获取招标文件的时间、地点和方法，并同时向资格预审不合格的投标单位告知预审结果。

招标单位应当根据工程建设项目设备的特点和需要，编制招标文件。招标文件主要包括下列内容：

（1）工程建设项目名称、项目设备清单及技术指标。

（2）招标方式、范围，标底确定方法，对投标单位资质的要求，投标保证金（一般为概算的2%）等要求。

（3）结算价款调整。

（4）主要材料与设备的供应方式及材料、设备价差的处理方法。

（5）工程款的支付方式及保修要求。

（6）评标原则、方法和标准。

（7）投标书的编制及参加开标会的要求，投标无效的说明。

（8）其他要求。

招标文件经招标管理机构审批后，招标单位方可发布招标公告或者发出招标邀请书。招标文件一经发出，其内容不得擅自变更，确需变更的，应当报招标管理机构批准，并在投标截止日期 10 天前，以书面形式通知投标单位。招标文件发出后 10 天内，招标单位应当组织答疑会。答疑会会议纪要作为招标文件的补充，必须报招标管理机构批准后，以书面形式通知投标单位。招标单位应当在招标文件中合理确定投标单位编制投标文件所需要的时间。

工程建设项目施工招标，需要编制标底的，应当依据国家和部队规定的工程量计算规则及招标文件规定的计价方法和要求编制标底，并在开标前保密。一个招标工程只允许编制一个标底。

公开招标时投标单位少于 6 个，或者邀请招标时投标单位少于 3 个的，招标单位应当依据本办法重新组织招标。

开标应当按照招标文件确定的时间、地点公开进行。开标由招标单位主持，邀请所有投标单位参加。开标时，由投标单位或者其推选的代表检查投标文件的密封情况，也可以由招标单位委托的公正机构进行检查并公证；经确认无误后，由有关工作人员当众拆封，宣读投标单位名称、投标价格和投标文件的其他主要内容。开标过程应当记录，并存档备查。

评标由招标单位依法组建的评标委员会负责，并接受招标管理机构的监督。评标委员会由招标单位代表和有关专家组成，评标成员应当为 5 人以上单数，其中招标单位代表应当选派工程、财务等相关部门管理人员参加，评标专家不得少于评标成员总数的 2/3。

评标委员会完成评标后，应当宣布评标结果和预中标单位，并向招标单位提出书面评标报告。招标单位应于 5 日内写出决标报告，报本系统、本区工程建设项目设备采购招标管理机构和工程建设管理部门审查、定标。

定标后，招标单位应当向中标单位发出中标通知书，同时通知未中标单位。中标通知书发出 30 天内，建设单位与中标单位应当依据招标文件和投标文件，按照《建设工程设备采购合同示范文本》拟制合同草案，按照管理权限报有关工程管理部门和招标管理机构审查后，送同级财务部门审查合同草案的经费条款，自工程管理部门、财务部门和招标管理机构收到工程合同草案之日起 8 个工作日内，工程管理部门、财务部门均无异议后，签订正式工程设备采购合同。有履约保证金要求的，应当收缴履约保证金。合同副本报工程管理部门和财务部门备案。

针对部队工程项目，采用招标方式采购的，按照《部队物资招标管理规定》组织实施。

部队物资招标分为公开招标和邀请招标。部队物资招标机构依法以招标公告的方式邀请不特定的供应商参加投标，为公开招标；部队物资招标机构依法从部

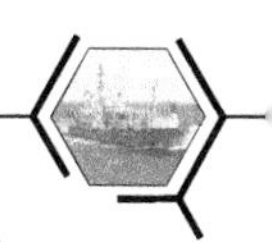

队物资供应商库中随机抽取三家以上的供应商，并以投标邀请书的方式，邀请其参加投标，为邀请招标。

部队物资采购项目达到招标限额标准以上的，除有下列情形外，必须进行招标：

（1）涉及国家安全和军事秘密不宜招标。

（2）供应商达不到一定数量。

（3）执行战备、抢险救灾等任务需要紧急采购。

（4）其他不适合招标。

申请部队物资招标资格的物资采购机构，应当具备下列条件：

（1）具有相应的专业技术人员及编制招标文件和组织评标的能力。

（2）具备从事招标业务相应的场所和技术设备。

（3）有健全的规章制度。

（4）其他应当具备的条件。

部队物资招标机构实施公开招标，必须在指定部门的采购信息发布媒体上发布招标公告。公开招标公告主要包括下列内容：

（1）部队物资招标机构的名称、地址和联系方法。

（2）招标项目的名称、数量。

（3）投标人的资格要求。

（4）获取招标文件的时间、地点、方式及招标文件售价。

（5）投标截止时间、开标时间及地点。

部队物资招标机构实施邀请招标，应当从部队物资供应商库中随机抽取三家以上的投标人，并向投标人发出投标邀请书。

部队物资招标机构应当根据招标项目的特点和需求编制招标文件。招标文件主要包括下列内容：

（1）投标邀请。

（2）投标人须知（包括密封、签署、盖章要求等）。

（3）投标人应当提交的资格、资信证明文件。

（4）投标报价要求、投标文件编制要求和投标保证金数额及交纳方式（投标保证金数额不超过采购项目概算的1%）。

（5）招标项目的技术规格、要求和数量，包括附件、图纸等。

（6）合同主要条款及合同签订方式。

（7）交货时间。

（8）评标方法、评标标准和废标条款。

（9）投标截止时间、开标时间及地点。

（10）其他事项。

部队物资招标机构应当在招标文件中规定并标明有关事项的实质性要求和条件。

评标委员会由部队物资招标机构的代表和有关技术、经济等方面的专家组成，成员人数应当为 5 人以上单数。其中，技术、经济等方面的专家不得少于成员总数的 2/3。

部队物资招标采购的评标方法分为最低评标价法、综合评分法和性价比法。

在全部满足招标文件实质性要求前提下，依据统一的价格要素评定最低报价，以提出最低报价的投标人作为中标候选供应商或者中标供应商为最低评标价法，适用于标准定制商品的采购项目。

在最大限度地满足招标文件实质性要求前提下，按照招标文件中规定的各项因素（包括价格、技术、财务状况、信誉、业绩、服务、对招标文件的响应程度，以及相应的比重或者权值等）进行综合评审后，以评标总得分最高的投标人作为中标候选供应商或者中标供应商为综合评分法。

按照要求对投标文件进行评审后，计算出每个有效投标人除价格因素以外的其他各项评分因素（包括技术、财务状况、信誉、业绩、服务、对招标文件的响应程度等）的汇总得分，并除以该投标人的投标报价，以商数（评标总得分）最高的投标人作为中标候选供应商或者中标供应商为性价比法。

评标应当遵循下列工作程序：

（1）依据法律、法规和招标文件的规定，对投标文件中的资格证明、投标保证金等进行审查，以确定供应商是否具备投标资格。

（2）依据招标文件的规定，从投标文件的有效性、完整性和对招标文件的响应程度进行审查，以确定投标供应商是否对招标文件作出实质性响应。

（3）对投标文件中含义不明确、同类问题表述不一致或者有明显文字和计算错误的内容，评标委员会可以要求投标人以书面形式作出澄清、说明或者补正，但不得超出投标文件的范围或者改变投标文件的实质性内容，并由投标人授权的代表签字。

（4）按照招标文件中规定的评标方法和标准，对资格性审查和符合性审查合格的投标文件进行商务和技术评估，综合比较与评价。

（5）根据采购需要确定不超过 3 名的中标候选供应商，并对中标候选供应商进行排序。

（6）评标委员会根据全体评标成员签字的原始评标记录和评标结果编写评标报告，包括招标公告刊登的媒体名称、开标日期和地点，购买招标文件的投标人名单和评标委员会成员名单，评标方法和标准，开标记录和评标情况并说明无效投标人名单及原因，中标候选供应商排序表及授标建议。评标委员会在评标中，不得改变招标文件中规定的评标标准、方法和中标条件。

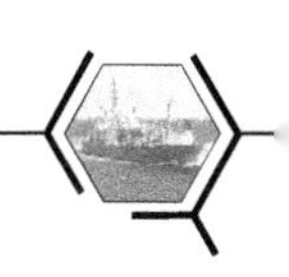

投标文件有下列情形之一的，应当按照无效投标处理：

（1）应交却未交投标保证金的。

（2）未按照招标文件规定要求密封、签署、盖章的。

（3）不具备招标文件中规定资格要求的。

（4）不符合法律、法规和招标文件中规定的其他实质性要求的。

有下列情形之一的，应当按照废标处理，并将废标理由通知所有投标供应商：

（1）符合专业条件的供应商或者对招标文件作实质性响应的供应商不足三家的。

（2）出现影响采购公正的违法、违规行为的。

（3）投标人的报价均超过了采购预算，财务部门不能支付的。

（4）因重大变故，取消采购任务的。

废标后，除采购任务取消情形外，部队物资招标机构应当重新组织招标。需要采取其他采购方式的，必须报有关部门批准后实施。

部队物资招标机构应当采取必要措施，保证评标在严格保密的情况下实施。任何单位和个人不得非法干预、影响评标办法的确定，以及评标过程和结果；在确定中标供应商前，不得与投标供应商就投标价格、投标方案等实质性内容进行谈判。

3.13.2　对采购设备的监督生产和质量检验

在设备采购招标工作结束后，应对采购设备的生产进行全程监督，并对其质量进行检验，这期间，监理单位应依据与建设单位签订的设备监造阶段的委托监理合同，成立由总监理工程师和专业监理工程师组成的项目监理机构。项目监理机构应进驻设备制造现场。整个过程应按照以下步骤进行：

（1）总监理工程师应组织专业监理工程师熟悉设备制造图样及有关技术说明和标准，掌握设计意图和各项设备制造的工艺规程以及设备采购订货合同中的各项规定，并应组织或参加建设单位组织的设备制造图样的设计交底。

（2）总监理工程师应组织专业监理工程师编制设备监造规划，经监理单位技术负责人审核批准后，在设备制造开始前10天内报送建设单位设备监造规划。

（3）总监理工程师应审查设备制造单位报送的设备制造生产计划和工艺方案，提出审查意见。符合要求后予以批准，并报建设单位。

（4）总监理工程师应审核设备制造分包单位的资质情况、实际生产能力和质量保证体系，符合要求后予以确认。

（5）专业监理工程师应审查设备制造的检验计划和检验要求，确认各阶段的检验时间、内容、方法、标准以及检测手段、检测设备和仪器。

（6）专业监理工程师必须对设备制造过程中拟采用的新技术、新材料、新工艺的鉴定书和试验报告进行审核，并签署意见。

(7) 专业监理工程师应审查主要及关键零件的生产工艺设备、操作规程和相关生产人员的上岗资格，并对设备制造和装配场所的环境进行检查。

(8) 专业监理工程师应审查设备制造的原材料、外购配套件、元器件、标准件以及坯料的质量证明文件及检验报告，检查设备制造单位对外购器件、外协作加工件和材料的质量验收，并由专业监理工程师审查设备制造单位提交的报验资料，符合规定要求时予以签认。

(9) 专业监理工程师应对设备制造过程进行监督和检查，对主要及关键零部件的制造工序应进行抽检或检验。

(10) 专业监理工程师应要求设备制造单位按批准的检验计划和检验要求进行设备制造过程的检验工作，做好检验记录，并对检验结果进行审核。专业监理工程师认为不符合质量要求时，指令设备制造单位进行整改、返修或返工。当发生质量失控或重大质量事故时，必须由总监理工程师下达暂停制造指令，提出处理意见，并及时报告建设单位。

(11) 专业监理工程师应检查和监督设备的装配过程，符合要求后予以签认。

(12) 在设备制造过程中如需要对设备的原设计进行变更，专业监理工程师应审核设计变更，并审查因变更引起的费用增减和制造工期的变化。

(13) 总监理工程师应组织专业监理工程师参加设备制造过程中的调试、整机性能检测和验证，符合要求后予以签认。

(14) 在设备运往现场前，专业监理工程师应检查设备制造单位对待运设备采取的防护和包装措施，并应检查是否符合运输、装卸、储存、安装的要求，以及相关的随机文件、装箱单和附件是否齐全。

(15) 设备全部运到现场后，总监理工程师应组织专业监理工程师参加由设备制造单位按合同规定与安装单位的交接工作，开箱清点、检查、验收、移交。

(16) 专业监理工程师应按设备制造合同的规定审核设备制造单位提交的进度付款单，提出审核意见，由总监理工程师签发支付证书。

(17) 专业监理工程师应审查建设单位和设备制造单位提出的索赔文件，提出意见后报总监理工程师，由总监理工程师与建设单位、设备制造单位进行协商，并提出审核报告。

(18) 专业监理工程师应审核设备制造单位报送的设备制造结算文件，并提出审核意见，报总监理工程师审核，由总监理工程师与建设单位、设备制造单位进行协商，并提出监理审核报告。

(19) 在设备监造工作结束后，总监理工程师应组织编写设备监造工作总结。

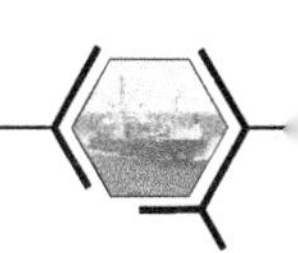

3.14　协调机房建设端机设备安装和陆地缆建设工程

3.14.1　机房的选址与设计

通信机房的选址应遵循以下原则：

(1) 机房宜选在地形平坦、地质良好的地段。应避开断层、土坡边缘、古河道和有可能塌方、滑坡和有开采价值的地下矿藏或古迹遗址的地方及易受洪水淹灌的地区。

(2) 机房的选址宜设置在管道资源丰富，光缆进出便利，应选择同时具备两个或两个以上进出局路由的区域；机房的选址需要考虑后期建设和维护的便利性，选择合适的区域和方案进行建设。站址应有安全的环境，不应选择在易燃、易爆的建筑物或管线和堆积场附近。

(3) 传输机房的平面应考虑通信设备安装方便，尽量提高平面利用率和机房通用性及兼容性，安装传输设备的机房应采用矩形平面，不宜采用圆形、三角形等不利于设备布置的平面。

通信机房的布局应遵循以下原则：

1. 机房整体布局

传输汇聚机房启用前要做好机房的总体规划，包括：机房平面区域划分及布局规划、设备安装位置及安装顺序；机房走线架及走线路由规划；楼层走线洞的用途；电源设备的安装位置及分配；以及机房专用空调的位置、送风方式、供电方式等。

机房要求电源设备、传输设备、数据设备、ODF 分区建设，以保证电力电缆、外线光缆、联络缆和设备尾纤走线合理；ODF 若为开放式机架，具备条件的机房应采用熔纤柜和跳纤柜分列设置，便于后期扩容。

一般情况下电源设备作为第一列安装在靠近市电引入位置，数据设备安装在电源列，从列尾开始安装；传输设备从第二列开始安装；ODF 从最后一列开始安装。则应设有专门的电源区，并根据具体情况预留一部分区域供后期扩容使用。

2. 列间距规划原则

列间距以 1000 ~ 1200mm 为宜；列头、列尾与机房两侧距离以不小于 1500mm 为宜；头尾两列与机房两侧的距离不应小于 1200mm；列规划时要注意空调位置，如果机房空调位置已确定，规划列走向时要求空调在列头、列尾两侧，以保证空调有效给设备降温。机房排列时充分考虑柱子和梁的位置，走线架不应在梁和柱子上加固，如实际情况无法避开，必须建筑专业出具证明，以保证

机房承重安全。

3. 走线架要求

一般情况下走线架要整体规划、一次安装到位。具体如下：

走线架规划：根据机房条件，一般情况采用上走线双层走线架，上层走线架的下边缘距地 2700mm，下层走线架的下边缘距地 2300mm，上层走线架与消防管之间的间距要求在 300mm 以上；如果机房层高不够可以适当降低走线架高度，同时要提出订购相应高度的设备机柜。

不同电压等级的线缆不宜布放在同一走线架，若线缆数量较少需布放在同一走线架内时，要充分考虑两种线缆的间隔距离；当交流电源线与通信线必须在走线槽道同层布放时，两者间距应大于 50mm；电源线穿金属管或采用铠装线，应保持一定间距。

4. 工艺净高要求

工艺净高由通信设备的高度、走线架安装高度、施工维护所需的空间高度等组成。工艺净高应≥3000mm。

5. 布线要求

机房建设初期，规划光缆和电力电缆走线路由，避免后期缆线交叉；原则上直流电缆、弱电信号线沿上层走线架敷设，交流电缆、光缆沿下层走线架敷设走线；市电进线孔至交流配电屏交流电缆沿单独的槽道走线。

传输机房进局线缆管孔的设置应满足以下要求：

(1) 传输机房各管孔的设置应满足该楼终期容量所需。

(2) 传输机房考虑建设两路以上的通信电（光）缆进局管道，每路管道不少于 6 孔。

(3) 光缆进线室在有条件时应优先采用半地下建筑方式，并建议设置两个进线室，每个进线室面积不宜小于 $20m^2$。

(4) 传输机房上线洞的设置宜采用分散上线原则；洞孔宜贴墙靠梁，洞边应至少设置一面实心墙以便爬梯固定；结构设计宜考虑洞孔的可扩容性。

(5) 传输机房的过墙洞，宜待机房投入使用时，根据需要定位开凿（有特殊要求的除外）。

(6) 传输机房内各管孔、井道应用耐火极限不低于 1.5h 的非燃烧体作防火分隔，通过楼板的孔洞、电缆与楼板间的孔隙应用非燃烧材料密封，通向其他房间的地槽、墙上的孔洞，已装电缆者，其与墙体的孔隙亦宜采用非燃烧材料封隔；凡近期不使用者均应用非燃烧材料封闭。进线管孔应做好防水封堵，如果机房位于地下楼板洞下方应设置挡水槛。

通信机房的设计应按照以下规范进行：

在通信机房室内基础建设方面，应遵循：

1. 通信机房室内装修材料要求

（1）通信机房的建筑围护结构和室内装修，应选用气密性好、不起尘、易清洁，并在温、湿度变化作用下变形小的材料。

（2）通信机房内各类装修材料宜具有表面静电耗散性能，严禁使用未经表面改性处理的高分子绝缘材料，不宜使用强吸湿性材料。

（3）选用的装修材料的燃烧性能应符合现行国家标准 GB 50222—2017《建筑内部装修设计防火规范》的有关规定。

2. 通信机房内墙壁和顶棚的要求

A、B、C 级通信机房和有条件的 D 级设备间参照以下要求执行：

（1）参照 GB 50174—2017《数据中心设计规范》、GB 50222—2017《建筑内部装修设计防火规范》执行。

（2）墙壁和顶棚应满足使用功能要求，表面应平整、光滑、不起尘、避免眩光、便于除尘，并应减少凹凸面。

（3）墙面处理可采用白色环保乳胶漆或墙面砖，宜采用白色环保乳胶漆。墙面砖为浅色、抛光型砖，材料应平整、耐磨，符合 GB 6566—2010《建筑材料放射性核素限量》的要求。

3. 通信机房地面要求

A、B、C 级通信机房和有条件的 D 级设备间参照以下要求执行：

（1）参照 GB 50174—2017《数据中心设计规范》、GB 50222—2017《建筑内部装修设计防火规范》执行。

（2）应满足通信机房使用要求。地面必须平整，若不平整，需先对地面找平并需进行防潮处理。

（3）地面面层可采用地砖或防静电漆，宜采用地砖。地砖为浅色、抛光型的防滑玻化地砖，材料应平整、耐磨。对空调送风方式为下送风、上回风的通信机房宜采用防静电活动地板。

（4）踢脚线：宜采用黑色陶瓷踢脚砖并与周边平滑衔接，连接紧密，平直。

（5）地砖、踢脚砖应符合 GB 6566—2010《建筑材料放射性核素限量》的要求。

4. 通信机房隔断要求

A、B、C 级通信机房和有条件的 D 级设备间可根据实际情况选择隔断。隔断要求如下：

（1）参照 GB 50222—2017《建筑内部装修设计防火规范》、GB 50370—2005《气体灭火系统设计规范》、GB 50174—2017《数据中心设计规范》执行。

（2）通信机房隔断采用玻璃隔断或隔墙隔断的方式，宜采用隔墙隔断方式。

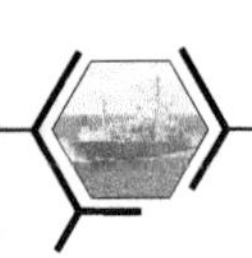

5. 走线架、尾纤槽道要求

A、B、C 级通信机房和有条件的 D 级设备间的走线架参照以下要求执行：

（1）参照 GB 50311—2016《综合布线系统工程设计规范》、GB/T 50312—2016《综合布线系统工程验收规范》、YD/T 5026—2005《电信机房铁架安装设计标准》执行。

（2）通信机房内使用双层上走线架方式，电源线及信号线必须分开布放，不得有交叉。

（3）下层的各列信号线走线架之间必须用过桥走线架连接。

（4）上层信号线走线架宜承载通信机房外部进入的电源线及信号线；通信机房内部的连接信号线宜穿放在下层的信号线走线架上。

（5）走线架材质宜为冷轧钢板，厚 4mm；走线架宽度为 400mm、600mm 或 800mm。同一通信机房内应选用同一规格型号的走线架。

（6）走线架距离地面的高度和走线架横档之间的间距，宜结合通信机房的实际情况确定。

（7）走线架搭设时，应采用上吊挂方式可靠加固；通信机房内应按实际情况搭设单层电缆或电源线爬梯。

（8）走线架穿越楼板孔或墙洞的地方，应加装保护。走线架上的线缆放绑完毕后，应用防火材料封堵。

安装尾纤槽道应符合下列规定：

（1）参照 GB 50311—2016《综合布线系统工程设计规范》、GB/T 50312—2016《综合布线系统工程验收规范》、YD/T 5026—2005《电信机房铁架安装设计标准》执行。

（2）走线架和尾纤槽道应可靠接地。

6. 通信机房门窗要求

A、B、C 级通信机房和有条件的 D 级设备间参照以下要求执行：

（1）参照 GB 50174—2017《电子信息系统机房设计规范》、YD 5003—2014《电信专用房屋设计规范》、GB 50222—2017《建筑内部装修设计防火规范》、GB 50370—2005《气体灭火系统设计规范》执行。

（2）A、B 级通信机房入口处安装单扇或双扇防火防盗门，宜安装双扇防火防盗门；防火防盗门的开启方向应向走道方向开启。门与墙体、门与门框之间需做密封处理；门口下需做防水处理，以防楼道内发水进入通信机房。

（3）C 级通信机房入口处宜安装单扇防火防盗门，防火防盗门的开启方向应向走道方向开启。门与墙体、门与门框之间需做密封处理；门口下需做防水处理，以防楼道内发水进入通信机房。有条件的 D 级设备间可参照本条要求执行，防火防盗门的开启方向宜向走道方向开启。

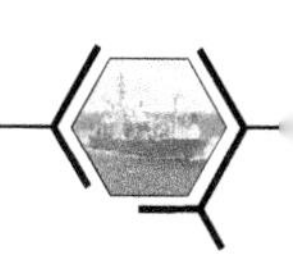

（4）防火防盗门材质为钢质，符合国家甲级防火门标准。

（5）窗户采用中空双层塑钢推拉窗，并应有良好的气密性；推拉窗上宜设置渗水孔。窗户上方宜安装卷帘式防火窗帘。

（6）所选材料耐火极限均不宜低于 0.5h；承受内压的允许压强，不宜低于 1200Pa。

在集中配电系统方面，应遵循：

1. A、B 级通信机房电力要求

（1）参照 GB 50174—2017《数据中心设计规范》、GB 50052—2009《供配电系统设计规范》、YD/T 1051—2018《通信局（站）电源系统总技术要求》执行。

（2）在条件允许时宜采用两路独立市电电源和一台柴油发电机组的主备用形式。

（3）引入的交流高压电力线应安装高、低压多级避雷装置。

（4）所有用线必须采用整线连接方式，严禁断头复接形式。

（5）交流供电应采用三相五线制，零线禁止安装熔断器。

（6）所有电源线接头应采用铜鼻子压接方式，禁止绕接。电源线与空气开关或电表必须紧固连接。所有线路的敷设应做到横平竖直。

（7）交流配电箱内的空开设置必须满足通信机房设备用电要求，并充分预留备用容量。

（8）配电箱开孔要求：空洞宜防火封堵严密，切口整齐、光滑、无毛刺。

2. C 级通信机房和有条件的 D 级设备间电力要求

（1）参照 GB 50174—2017《数据中心设计规范》、GB 50052—2009《供配电系统设计规范》、YD/T 1051—2018《通信局（站）电源系统总技术要求》执行。

（2）引入通信机房的交流电源在条件允许时宜采用三相五线制，电压为 380V，电压允许变化范围：+10%～-10%，频率为 50Hz，频率允许变化范围：±4%；若超过上述电压波动范围，应采用稳压器。

（3）交流引入通信机房后，必须配备室内总配电箱。

（4）所有用线必须采用整线连接方式，严禁断头复接形式。

（5）所有电源线接头应采用铜鼻子压接方式，禁止绕接。电源线与空气开关或电表必须紧固连接。

（6）所有线路的敷设（含配电箱内）应做到横平竖直。

（7）交流配电箱内的空开设置必须满足通信机房设备用电要求，并充分预留备用容量。

（8）配电箱开孔要求：空洞宜防火封堵严密，切口整齐、光滑、无毛刺。

（9）通信机房内宜安装壁挂式电源避雷器。

3. 电源设备的安装要求

参照 YD/T 5040—2005《通信电源设备安装工程设计规范》、YD 5079—2005

《通信电源设备安装工程验收规范》、YD 5096—2016《通信用电源设备抗地震性能检测规范》执行。

4. 开关电源要求

参照 YD/T 1051—2018《通信局（站）电源系统总技术要求》、YD/T 1058—2015《通信用高频开关电源系统》执行。

5. 蓄电池要求

参照 YD/T 5040—2005《通信电源设备安装工程设计规范》、YD/T 1051—2018《通信局（站）电源系统总技术要求》执行。

6. UPS 要求

参照 YD/T 1051—2018《通信局（站）电源系统总技术要求》、YD/T 1095—2018《通信用不间断电源（UPS）》、YD/T 5040—2005《通信电源设备安装工程设计规范》执行。

7. 电源电缆要求

参照 YD/T 1173—2016《通信电源用阻燃耐火软电缆》执行。

在照明系统方面应遵循：

A、B、C 级通信机房和有条件的 D 级设备间参照 GB 50174—2017《数据中心设计规范》、GB 50034—2013《建筑照明设计标准》及以下要求执行。

1. 正常照明

（1）通信机房区内的照明系统宜是一个独立的系统，与大楼的照明系统分开。

（2）通信机房内采用独立高效节能荧光灯，要求灯照度高、无眩光。通信机房区照度宜为 500lx，蓄电池间、电源室照度宜为 300lx。

（3）灯具应采用分组分区的控制方式。

（4）电源室宜使用防爆灯具。

（5）通信机房内的照明线路宜采用穿钢管暗敷方式。

2. 应急照明

（1）通信机房内的应急照明系统自成一体，照度不宜低于 50lx。

（2）应急照明采用自带蓄电池灯具或由 EPS 电源供电的 LED 灯具（当市电断电时可自动切换由机房内的 UPS 或逆变电供电）。宜采用第二种方式。

（3）应急照明灯具应便于日后检修。

（4）通信机房内应急照明线路宜采用走线架与穿钢管暗敷相结合的方式。

在通信机房防雷接地保护系统方面应遵循：

（1）参照 GB 50174—2017《数据中心设计规范》、GB 50057—2010《建筑物防雷设计规范》、YD 5098—2005《通信局（站）防雷与接地工程设计规范》、YD/T 1429—2006《通信局（站）在用防雷系统的技术要求和检测方法》、YD/T 5175—2009《通信局（站）防雷与接地工程验收规范》执行。

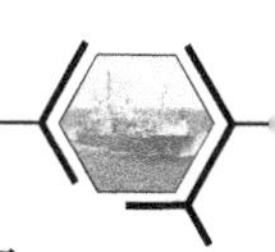

（2）A、B 级通信机房接地电阻应小于 1Ω；C 级通信机房、有条件的 D 级设备间接地电阻应小于 4Ω。

（3）交流工作地、安全保护地、防雷地使用综合接地系统。通信机房内所有电气设备外壳、金属管道、走线架均牢固连接综合接地极。

在综合布线系统方面应遵循：

A、B、C 级通信机房和 D 级设备间综合布线参照以下要求：

（1）综合布线涉及电源线敷设、光电缆敷设、尾纤与对绞电缆的敷设、各类缆线终接等。

（2）各种线缆的敷设要求参照 GB 50311—2016《综合布线系统工程设计规范》、GB/T 50312—2016《综合布线系统工程验收规范》执行。

（3）直流电源线与交流电源线需分开敷设，避免捆在同一线束内。

（4）缆线的布放应自然平直靠拢，不得产生扭绞、打圈、接头等现象，不应受外力的挤压和损伤。同类线应绑扎在一起。

（5）缆线应有余量以适应终接、检测和变更。

（6）缆线两端应贴有标签。

（7）A、B 级通信机房走线架上的综合布线使用扎带或固线器，有条件的 A、B 级通信机房宜使用固线器；C 级通信机房、D 级设备间使用扎带。

3.14.2　端机设备的安装调试

根据《通信设备工程安装施工规范》中的内容，对端机设备按照不同类型进行安装和调试，根据《通信设备工程验收规范》进行测试验收。

3.14.3　陆地人井或水线房建设

海底光缆登陆后，要与陆光缆相接，需要在登陆端岸边合适的位置建一座陆地接头人井。由于海岛环境条件非常恶劣，又不便维护，其建设质量的好坏，直接影响线路的可靠性。陆地人井或水线房的设计和安装都要符合技术要求。如：

海岛风大、浪大，常遇台风袭击，所以人井应建得坚固耐用，使用寿命不应小于 25 年；井内的配套器材包括绝缘测试标石、人孔口圈、积水罐带盖、拉力环、井壁预埋光缆引入管、堵塞剂、光缆吊牌、尼龙扎带、接地母线、光缆搁架、接头盒托板、海缆铠装固定装置、预留光缆盘绕支架、地线汇接装置等应标准化、系列化。

沿海岛屿盐雾、湿度大，夏季温度高，因此人井及附属设备应注意防腐、防潮、防渗漏。为了保证 25 年以上的寿命，井内的金属件（接地铜板除外）最好选用不锈钢材料，如果用非不锈钢材料制作，其活动的螺栓、螺母以及绝缘测试标石的盖帽等应涂黄油，防止锈蚀，否则不利维护。

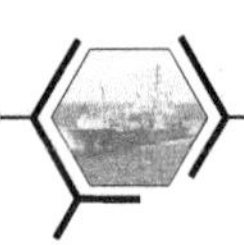
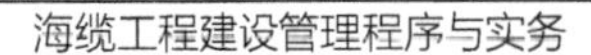

海、陆光缆在人井应盘放整齐、规范，用尼龙扎带绑扎在固定支架上；海、陆光缆在人井内一般各预留15m；应保证海、陆光缆的弯曲半径不小于0.5m；海、陆光缆应安装标示吊牌，注明光缆的型号、制造厂家、端别、安装时间等，便于维护。

人井的位置应选在距海岸高潮线以上、地势较高、安全隐蔽的地点，避开低洼水淹或流沙塌方等地；附近的环境和地质适合建人井，附近无大型厂矿及变电站等电磁干扰；便于设置接地装置。

为防止海底光缆遭雷击，人井应做接地线装置；接地体的设置方向与电缆的走向应保持垂直，其距离应大于10m；接地电阻不大于10Ω；地线组至井内的引线要采取防腐措施；海底光缆的铠装在固定时，要清除铠装钢丝的沥青，使其与固定装置接触良好，减小接地电阻。人井两侧光缆引入孔应有向外的坡角，防止水倒灌；进缆孔应全部用堵漏剂堵封，以防渗水。

人井（水线房）的建设应符合如下要求：

(1) 登陆点人井（水线房）建筑内要便于存放余缆和接续设备，防潮、防渗、防漏。

(2) 建筑基础和墙体应为石砖结构，房顶为钢筋混凝土结构；房屋两侧地下深0.8m处预留光缆引入孔。

(3) 地面建筑为混合结构，房顶为钢筋混凝土结构。

(4) 当建筑为水线井时，应宜采用井口长2.0m、宽1.0m的钢筋混凝土结构，井壁预埋引入管。

(5) 井盖宜采用复合材料，口圈采用铸铁材料，内应有防盗锁紧装置。

3.14.4 陆地缆的敷设布放与挖埋保护

陆地直埋光缆在敷设过程中要按照以下原则来实施：

(1) 同沟敷设光缆排列顺序，应符合设计要求，布放顺直，严禁交叉重叠。

(2) 直埋光缆采用人工抬放，人工抬放时光缆不应出现小于规定曲率半径的弯曲（光缆的弯曲半径应不小于光缆外径的20倍），不允许光缆拖地敷放和牵拉过紧。

(3) 直埋光缆布放时必须清沟，沟内有水时应排净，光缆必须放于沟底，不得腾空和拱起。

(4) 直埋光缆敷设在坡度大于30°，坡长大于30m的斜坡上时，宜采用“S”形敷设或按设计要求的措施处理。

(5) 直埋光缆在布放过程中或布放后，应及时检查光缆的排列顺序，如有交叉重叠要立即理顺，当光缆穿越各种预埋的保护管时，尤其应注意排列顺序，要随时检查光缆外皮，如有破损，应立即通知施工方予以复修。敷设后应检查每

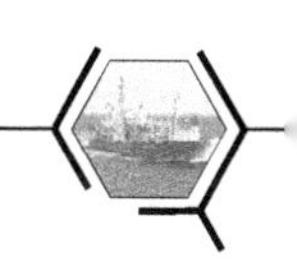

盘光缆护层对地绝缘电阻应符合要求，否则应进行更换。

（6）直埋光缆接头处，在街头坑内，每侧预留长度为12m。

陆地直埋光缆回填土应按照以下原则来实施：

（1）直埋光缆必须经检查确认符合质量验收标准后，方可全沟回填。

（2）全沟回填分两步进行，单盘光缆敷设完毕后，检查光缆排列顺序无交叉、重叠，光缆外皮无破损，可以首先回填30cm厚的碎石或细土，对于坚石、软石沟段，应外运碎石或细土回填，严禁将石块、砖头、硬土推入沟内，回土后应人工踏平。

（3）待72小时后，测试直埋光缆的护层对地绝缘电阻合格，此时有排流线的段落，可以布放排流线。下一步方可进行全沟回填，回填土应分层夯实并高出地面形成龟背形式，回填土应高出地面10~20cm。

（4）边沟回填土：直埋光缆沿公路排水沟敷设，遇石质沟时，光缆埋深≥0.4m，回填土后用水泥砂浆封沟，封层厚度为15cm，边沟回填土应注意以下问题：

1）直埋光缆埋深为0.4m时要求光缆在沟底有25cm的回填土，余15cm的水泥砂浆封层厚度。

2）水泥砂浆封顶后，其顶部变为公路排水沟的沟底，应符合路方或街道主管部门的要求，一定要避免光缆封沟后，封顶与公路路基持平。

3）排水沟内开挖缆沟，回填土并封沟后，多余的土石一律要清除运走，不能堆放在水沟内。

其中，陆地直埋光缆的挖埋保护应注意以下原则：

（1）光缆穿越主要公路和铁路，采用顶管方式，具体保护措施按设计施工（一般宜采用钢管）。在与高压电力线、电气化铁路平行地段，当进行光缆施工时，应将光缆内的金属构件作临时接地以保证人身安全。

（2）光缆穿越路基尚未坚实的新修公路和允许开挖路面的一般公路，必须采用钢管保护，保护钢管伸出穿越物两侧应不小于1.0m。直埋光缆与引雷目标不足5m时，应采用PVC管保护，长度一般每处20m，管口应进行封堵。

（3）光缆穿越机耕路及未定型的土路时，采用横铺或竖铺红砖保护。

（4）光缆穿越市郊、乡镇及经济开发区动土性较大的地段，段落较短时，采用横铺砖保护。段落较长时，采用PVC硬塑管保护，在直线段每隔200m左右及拐弯处，塑料管要间断2m，间断处加套大一号的塑管连接，塑料管接头处用胶带缠绕密封。

（5）光缆沿公路排水沟或公路路肩敷设时，采用半硬塑管保护，在直线段200m左右及拐弯处塑料管间断2m，间断处加套大一号的塑料管连接，塑料管接头处用胶带缠绕密封。光缆沿排水沟内敷设，遇石质沟埋深≥0.4m，土质沟埋

深≥0.8m，回填土后用水泥砂浆封沟。

（6）光缆在不具备建设管道条件的市区集镇、街道和个别未定型公路路肩敷设时，主要采取建筑简易管道的方法。光缆与公路交越及易受重压的地段，可采用砼加筋包封。

（7）光缆与原有地下电（光）缆或其他线路交越时，视其管线埋深，决定光缆在其下面或上面穿越。采用穿套PVC半硬塑管保护，原有电（光）缆空出部分采用竖铺红砖保护。光缆与地下油管、气管、水管交越，采用镀锌对缝钢管保护。

（8）光缆在石质、半石质地段敷设，沟底应平整，并在沟底和光缆上方各铺10cm的砂或碎土。

（9）光缆在坡度大于30°、坡长较长的山坡地段敷设时，应做“S”形敷设。“S”形敷设有困难时，采用加强型直埋光缆。

（10）位于斜坡上的光缆有受水冲刷可能时，光缆沟应做堵塞保护。石砌堵塞上部应与地面平齐（上厚≥0.5m），下部应砌到沟底（下厚≥0.7m），两侧比缆沟各加宽0.2~0.4m。堵塞与堵塞间隔一般为约20m一处，在坡度大于30°的地段可视冲刷情况减至5~10m一处。砌石用50号水泥砂浆，勾缝用1：1水泥砂浆，穿越塞缝下的光缆采用长3.0m，Φ28/34纵剖一条缝半硬塑管包覆保护。

（11）光缆穿越冲刷较严重的山涧、水溪时，应砌漫水坡保护，石砌漫水坡上部基本保持与河床持平（上厚≥1.0m），下部应砌在光缆埋深以下0.3m处（下厚≥1.5m），宽度应大于河床冲刷宽度。漫水坡砌在埋设光缆下游1~5m处，河道落差大时则间距可小些，反之间距应大些。砌石用50号水泥砂浆，勾缝用1：1水泥砂浆。

（12）光缆穿越梯田等陡坎，高差在0.8m以上的，光缆沟采用石砌护坎保护，石砌护坎上部应稍露出地面（厚度≥0.5m），下部应砌到沟底（厚度≥1.0m），两侧比缆沟各加宽0.2~0.4m。砌石用50号水泥砂浆，勾缝用1：1水泥砂浆。穿越护坎下的光缆采用长3.0m，Φ28/34纵剖一条缝半硬塑管包覆保护；高差在0.8m以下的，做垒石沟坎，不做保护的小坎应原土分层夯实。

（13）光缆穿越或沿靠山涧、山溪等易受冲刷的地段敷设，视其情况，设置漫水坡或挡土墙保护。

（14）光缆穿越石质河床、山涧或狭窄深沟时，埋设镀锌对缝钢管保护，钢管两端伸出河床或山涧边缘长度应≥3.0m。视其穿越宽度，采取打角钢下柱、水泥封沟等固定措施。直埋与钢管穿放接口落差太大时，两岸护坎的外侧增设手孔。

（15）光缆穿越河床为土质或砂质的较小河流时，预埋PVC半硬塑管，并铺设水泥砂浆袋或采取砼封沟保护。

(16) 光缆穿越有疏浚、拓宽计划和挖泥取土的河流、沟渠及水塘时，采用截流挖沟方式施工时，在光缆上方铺设水泥盖板保护，采用水泵冲槽方式施工时，在光缆上方铺水泥砂浆袋保护。

(17) 光缆穿越矿区、沼泽及土质不稳定的较长地段时，采用加强型直埋光缆。

(18) 直埋光缆的埋深不足 0.5m 时，可采用镀锌钢管保护。

(19) 敷设在公路路肩上的光缆跨越公路的山间小桥或涵洞时，可采用钢管保护。

(20) 采用顶管、埋设钢管或塑管保护的地段，待光缆穿放完毕后，其钢管、塑管及子管应采用油麻沥青封堵；子管与光缆采用 PVC 胶带缠扎密封，备用子管安装塑料塞子。

(21) 光缆采用 PVC 半硬塑管保护，塑料管可采取承接法，光缆直接穿放，端口采用 PVC 胶带密封。对于地方海缆建设的任务下达和海缆工程前期准备工作有其不同之处，具体见后。

3.15 地方海缆建设设计任务（书）及工程任务文件

网发部针对已通过专家评审和各部门审核正式立项的海缆建设项目核准后，下达海缆建设项目设计任务（书），以及该工程有关的任务文件，其中包括任务名称、实施地点、预算经费等，在电信运营商建设管理软件系统中生成相关代码并确定项目。

网发部正式确定设计任务（书）后，制定对应的工程管理部门负责实际管理本项目的后续工作，由该工程管理部门负责后续的推进工作。

工程建设项目设计任务（书）是确定建设项目和建设方案的技术经济文件，是编制设计文件的主要依据。设计任务书是确定建设规模、建设方案和最高投资限额的决策性文件。任何投资安排的大型、中型、小型工程建设项目，均应当编报设计任务书。

编制设计任务书，应当严格执行国家和电信内部有关工程建设的方针、政策。其工程建设项目的构成范围和总投资，应当以批准的工程建设地点、规模和人员、装备编制为依据。

设计任务书一般由编制说明、工程建设项目和投资估算表及附件三部分组成，小型工程建设项目的设计任务书可以适当简化。

设计任务书的编制说明一般包括以下内容：

(1) 项目概况，包括项目名称、项目构成范围、可行性研究的概况、结论、问题和建议。

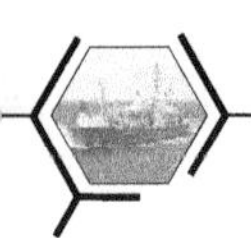

（2）建设目的和依据。

（3）建设地点及征地、拆迁情况。

（4）建设方案、建设标准，建设任务、投资估算及计算依据。

（5）建设条件，包括地质、水文、地形、气象和水、电、热源、交通、通信及电磁环境等情况。

（6）环境保护及外部协作配合条件落实情况和配套项目同步建设情况。

（7）建设工期及组织实施。

（8）要求达到的经济和社会效益及评价。

（9）改建、扩建项目的原有设施、设备利用情况。

（10）自筹工程项目应当说明资金来源情况。

上报设计任务书应当附下列资料：

（1）立项批复。

（2）人员、装备编制表。

（3）工程量计算表、投资估算表以及计算依据。

（4）需要附的其他有关资料。

设计任务书编制工作应当及早进行，并在工程建设项目列入年度计划前办理完报批手续。未经批准设计任务书的工程建设项目，不得组织设计，不得列入年度计划。设计任务书一经批准，其投资估算总额应当作为工程造价的最高限额，不得突破。确需调整建设规模的，应当报原审批机关批准。

一般采取委托电信设计单位进行设计任务书的编制工作，所需费用列入工程建设项目前期工作费。

3.16 组织海缆路由踏勘

依据海缆建设项目任务（书）的要求内容，对建设的海缆路由及两端登陆点进行实地踏勘，了解海缆路由整个线路和登陆点周边海区的人文、水文、地理等情况，为下一步的桌面研究提供依据。

勘察设计任务，应通过招投标方式确定。持有勘察设计资质证书，并有证书规定的业务范围相符的勘察设计单位方可承接。承接任务应当遵守国家的收费标准和规定。严禁无证单位或者个人承接海缆勘察设计任务。

3.17 组织海缆路由桌面研究及评审

根据海缆路由踏勘中调查到的路由线路及两端登陆点周边海区的人文、水文、地理等情况，形成桌面研究报告，并组织专家进行评审。在桌面研究报告中

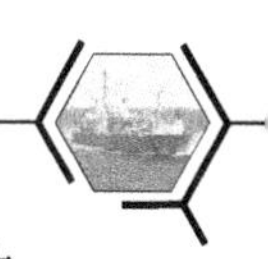

必须给出 2 条左右的备选路由和路由两端的备选登陆点，其中给出一条推荐路由和其对应的推荐登陆点，并给出推荐原因。只有专家评审通过后，才能将该路由作为下一步正式海缆路由进行踏勘的依据，最终目的是选择一条安全可靠、经济合理、技术可行的海缆路由。

在桌面路由评审对海缆路由选择过程中，需广泛听取路由涉及的各相关部门、相关人员、特别是军方党委的意见建议，通过分析比较选出最佳路由，有利于优化选择路经、设计相应的防护措施。原则是：海底光缆路由选择要尽量避开航道、锚地、养殖区、定址网铺捞区、倾废区、军事（投弹、潜训）训练等。陆地路由选择也不可忽视，因其也关系到海缆系统的安全使用，还要考虑今后方便维护管理。

桌面路由评审建议由建设单位向当地海洋主管部门申请，由当地海洋主管部门组织相关专家并召集与路由选择区域有关的各利益相关方参加会议，最终形成会议纪要后报当地海洋主管部门作为后续路由调查实施的依据。

3.18　组织海缆路由勘察及评审

依据海缆建设项目任务（书）的要求内容，针对海缆路由桌面研究评审通过的确定路由及登陆点，向国家海洋局有关分局提出路由勘察书面申请。申请应包括以下内容：

（1）建设依据。

（2）调查、勘测路由选择的依据及说明。

（3）调查船只信息及勘测单位资质信息。

（4）路由调查、勘测的区域、内容、时间、路由调查勘察方案。

（5）桌面路由评审会会议纪要。

海缆路由勘察书面申请通过审批后，针对海缆路由桌面研究评审通过的确定路由及登陆点进行实际的勘察工作，全面掌握路由海区的人文、水文、地理等情况。

海洋调查是对预设海底光缆通信系统的海区进行广泛深入地调查、勘查工作，通过必要的海底地质构成及水深等调查，全面掌握海区的人文、水文、地理等情况，这是保证设计质量、减少工程造价、提高海缆可靠性和安全性的前提。

海底光缆路由勘测是工程前期准备工作的重要环节，是工程设计的基础性工作之一。其任务就是提供必需的地址和海洋环境资料，提出铺设路由、埋设深度、海缆制式选择等建议，为海缆系统设计、施工、维护提供技术依据。

勘察的内容包括：水深、海底面状况、埋设层状况、水文气象和海洋开发利用情况。

3.18.1 路由勘察的工作流程

1. 勘察前的准备工作

资料调查：从图纸资料上预选几个备选登陆点和海上路由，制定登陆点、埋设路由调查方案和实施计划。其中收集研究海图和相关基础资料的主要内容包括：海图、地形图、地质图、特殊图（航道、气象、海流、潮流）等资料；地质、地貌、水文气象等有关资料；水运部门、水产部门及地质调查部门的相关资料；拟选路由及附近已敷设的管线设施记录和使用管理资料；本工程拟采用的设施、器材等资料；预选路由或邻近海域有关武器实验、倾废、水资源开发等信息资料。

2. 调集调查船只、仪器、设备，并进行必要的维修调试和训练（测深仪、旁侧声呐、海流计等）

3. 登陆点调查（调查自海中5m等深线起至终端站或杆、房）

陆上现场勘察：在走访地方海洋管理、渔业等有关部门后，实地勘察，综合分析比较，选定2~3个备选登陆点。

4. 海上路由调查

主要内容有：水深、地形、地质剖面测量、柱状取样和化验、地貌和障碍物测扫、流速和流向观测、以及船只人为活动影响调查等，当发现不适当因素时，按路由顺次反复勘查，决定最后的预定路由。

5. 埋设调查

利用路由调查清障锚扫海并粗测挖掘阻力，拖调查犁或埋设犁进行路由埋设可行性调查和验证，并从中获取有关数据和经验。

路由勘察所用的主要仪器有：

(1) 水深测量：单波束测深仪、多波束测深仪。

(2) 海底面状况（凹凸状况）测量：单波束测深仪、多波束测深仪、旁侧声纳、海底摄像。

(3) 海底埋设层状况（底质）测量：旁侧声纳、浅地层剖面仪、取样器、静力触探仪、拖调查锚。

(4) 水文气象测量：海流计、水温计等。

(5) 路由导航定位：差分GPS等。

登陆点选择的一般原则有：

(1) 海岸（高潮线以上）地势较高、安全隐蔽的地点。

(2) 避开低洼水淹或流沙塌方等地段。

(3) 登陆滩涂较短的地点。

(4) 距传输站（机务站）距离较近的地点。

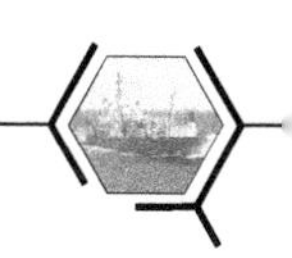

（5）风浪比较平稳，海潮流较小的岸滩地区。

（6）附近无大型厂矿及变电站和高压线杆塔的接地装置等。

（7）沿岸无岩石、流沙及地震、洪水不易波及的地段。

（8）将来不会在沿岸进行治水、护岸和修建港湾码头的地点。

（9）避开通信海缆、电力电缆、油气管道及其他设施。

（10）便于陆地光缆安装时器材、工具的运输。

（11）符合当地生态保护要求或对生态保护影响较小的区域。

（12）便于海缆登陆作业和建成后的维护。

路由选择的一般原则有：

（1）尽量避开捕捞、养殖作业区。

（2）避开各类锚地、武器实验区和其他特殊作业区。

（3）充分考虑或避开其他单位现有和规划中的各种建设项目的影响。

（4）应尽量减少与其他管线的交越。

（5）所选路由尽量取直线。

（6）尽量避开有以下特征的地形和不宜铺设海底光缆线路的地带：海底为岩石地带、海底起伏不平、海沟、陡峭的斜面、河道入口处、火山地震带附近、海水含硫化氢浓度超过标准的海区。

登陆段路由勘察过程应注意：

（1）登陆段指海缆与陆缆交接点至低潮线路由。沿该线向陆地延伸 50m，以此线为轴线向两侧各扩展 50~250m，形成的矩形区为测量范围。

（2）地形测量采用的比例尺一般为 1∶1000~1∶2000，应用常规的地形测量技术进行精确测量。其他如道路、树木、建筑物、岩石露头以及影响光缆埋设的地形地物都应测出其位置。

（3）沿路由沉积物使用手持钢棒进行厚度探测，并对地貌形态进行观测，对不同沉积物或地貌类型进行拍照。

3.18.2　海上路由勘测过程

1. 路由勘测的导航定位

（1）确定采用的投影方式、坐标系统及基准面。

（2）使用差分全球定位系统（DGPS）及导航计算机进行海上定位。导航计算机接口与所有有关勘察设备（包括测深仪、多波束测深系统、旁侧声呐及浅地层剖面仪）相连接，用自动数据记录设备来记录导航和定位数据，并能随时得到这些数据的打印件。

2. 水深的测量

水深测量由测深仪完成，测量完毕后，绘出路由水深水面图和剖面图。水深测量可得到如下结论：

（1）深数据作为海底光缆埋设和敷设中控制张力和敷设余量的参数。

（2）海底是否有海沟存在。

（3）海底的坡度。

（4）海底的凹凸情况。

3. 海底面状况的测量

（1）应用探测仪或多波束测深系统及旁侧声呐、水下摄影机测得海底地形变化以及沉船、礁石、沙坡、沙纹、古河道、海底峡谷、海山、海沟、珊瑚礁、陡崖、陡坡、其他障碍物的位置与形态。

（2）多波束测深系统及旁侧声呐对路由区进行全覆盖测量，测线之间的测量范围一般有10%的重叠部分。在0～20m水深区，路由宽度应在500m左右，20m以深海区，路由宽度约为1000m。

（3）测深仪或多波束测深系统应与旁侧声呐同步沿路由连续工作。船速应在4kn左右，尽量沿预设航线航行，避免出现较大的偏航。

4. 埋设层状况的测量

（1）应用采泥器采集海底表层及柱状沉积物样品或使用浅地层剖面仪了解海底表层及浅层沉积物类型。观测并分析地层中存在的灾害地质现象，如滑坡、崩塌、麻坑、古河道。一般情况下浅地层探测的深度超过5m。

（2）对底质的力学性质主要是通过十字板扭力仪或微型标贯仪进行抗剪、抗压强度测定，或使用海底静力触探仪获取抗剪强度值。

（3）在缺乏底质资料的海区，表层样的采集密度与测线的布置一般和路由设计的比例尺一致。柱状样的取样可根据底质类型的变化而定，或根据路由长度的1/10左右的距离，平均布设站位。不同的底质类型区或地层结构发生明显变化的区域应取柱状样。表层敷设的电缆可只进行表层取样。

（4）使用浅地层剖面仪进行地层测量可减少采样密度，只需在不同的底质类型、地层结构发生明显变化处进行取样。所取柱状样的深度应在船锚及捕捞网具最大穿透度以下，一般应达2m左右。

3.18.3 水文气象的测量过程

1. 浪、潮、流的观测

在登陆点附近没有长期潮位观测站和海浪观测站的海湾、海峡、河口地区特别是在10m等深线以上的水域应进行水动力状况的测量。其余海区可使用已有的资料。

（1）潮汐观测。潮汐观测方法有水尺目测和验潮仪（水位计）记录两种。可视情况采用适宜的方法。在近海进行路由勘察同时进行潮位观测，以便进行测

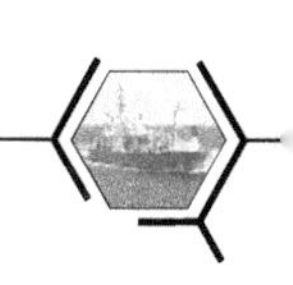

深的水位改正，掌握实测最高潮位和最低潮位出现的时间、涨落潮平均历时。

（2）海浪观测。在没有海浪资料的海域，应做海浪观测，海浪观测方法有目测和仪器观测两种。了解各方位多年的最大波高、平均波高及季节变化。

（3）海流。海流应在近岸段 10m 以浅海域设站分别进行大潮期及小潮期的周日连续观测，获取流向及流速资料。测流期间每隔 3 小时应测定一次风速、风向及船位。

2. 水温

在长距离或水深变化大的海域，应对底层水或海底的泥沙按路由总长度的 1/10~1/20 的距离设站进行温度测量，了解路由的温度变化，提出海缆设计所必需的基准温度值。如附近观测站有此资料，可以引用。

3. 风况

收集有关气象站以及船舶报资料，掌握风的季节变化、平均风速的季节变化，大风的季节变化及主要灾害性天气、寒潮、气旋、台风。

4. 海冰

海冰观测项目包括冰量、冰厚、流冰块大小、流冰方向和速度。海冰的资料可在附近的观测站收集。

海洋开发利用情况调查过程应注意：

（1）锚泊。在路由区及其附近海域对港口、航道、锚泊点、船舶的类型、数量、吨位进行调查。

（2）捕捞。对渔场及鱼虾贝藻养殖区、捕鱼船、捕捞量及捕捞方式（定置网、底拖网）等渔业状况进行调查。

（3）寻找已敷设海底管线。使用磁力仪、故障探测仪探测海底是否有已敷设海缆及管线。

（4）对海洋矿产、油田分布、油气资源量、开采量、石油平台、输油、输气、输水管线进行调查。

（5）对路由区及邻近域的保护区、养殖区、军事区、倾废区等特殊区域进行调查，搞清海缆与它们之间的关系。

其他与海缆有关的因素的调查过程应注意：

（1）火山及地震。需要开展地质构造勘察的区域，使用地球物理勘察仪器，揭示海底地质构造，确定海底断裂带和火山、地震高发区。如路由区及其附近海域有地震、火山资料该项勘察可不进行。

（2）附着生物调查。对路由区藤壶、牡蛎等贝类附着生物进行采样、鉴定，确定它们能否在海缆上附着，有无腐蚀及破坏作用。

（3）硫化物含量测定。在粉砂、黏土等细粒物质分布区、养殖区、排污区、倾废区进行硫化物含量测定。埋设海缆应分别在表层 0.5m 及底层处取样，求得硫化物含量值，最高值以不大于100mg/kg为宜。

路由综合评价及路由选择的一般原则有：

在进行了预选登陆点和拟定的海上路由勘察之后，通过对勘察资料的分析、对比，对路由的有利及不利条件进行全面评价。在此基础上选择具有科学性、可靠性、经济性的最佳路由。进行路由的评价与选择应注意以下几个方面：

（1）对路由评价要有针对性。针对勘察中获得的自然环境及海洋开发活动资料进行分析、评价。

（2）突出重点，抓住那些对海缆的安全有重要影响的内容作深入地分析与评价。重点在海岸与海底的稳定性、海底礁石、沉船等障碍物分布和海洋开发活动对海缆安全的影响。

（3）路由条件的好坏及其选择具有人为性及相对性，因而海缆的路由的不足之处，可以通过海缆的制造技术、敷设技术以及今后的严格而又科学的管理得到弥补，不能强求被选择的路由完美无缺，只能选择到相对的最佳路由。

3.18.4 《海缆路由勘察报告》内容

1. 概述

（1）调查依据、时间。

（2）勘察内容与工作量统计。

（3）勘察设备（含船只）。

（4）勘察单位人员。

2. 自然环境特征

（1）区域地质概况。

（2）地形、地貌特征。

（3）风况。

（4）波浪。

（5）潮汐、潮流。

（6）海流。

（7）水温。

（8）海冰。

3. 预设登陆点及路由

4. 水深测量

5. 海底面状况测量

（1）地形、地貌。

（2）障碍物分布情况。

（3）附着生物的影响。

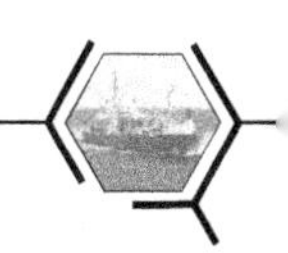

6. 埋设层状况

（1）底质类型。

（2）力学特性。

（3）硫化物含量及其腐蚀性。

7. 海洋开发活动

（1）渔捞及锚泊。

（2）海水养殖。

（3）航道、锚地、军事禁区、排污及倾废区。

（4）已建海缆、管道、石油平台、人工岛工程。

（5）各级政府及企业在路由区的开发利用规划。

8. 综合评价及路由的选择

（1）对路由的自然环境特征进行分析、评价。

（2）对海洋开发活动状况进行分析及评价。

（3）对可能产生的环境污染进行分析及评价。

（4）以可能性及经济性为基础，确定敷设或埋设路由。

9. 图纸及资料

（1）勘察站位图（航迹图）。

（2）海底光缆路由图。

（3）水深平面图。

（4）水深剖面图。

（5）底质类型平面图。

（6）路由底质柱状取样图。

（7）海底障碍物分布图。

（8）海底地形地貌图。

（9）登陆岸滩地形地貌图。

（10）路由综合评价图。

（11）旁侧声呐记录。

（12）浅地层剖面仪记录。

（13）多波束测深记录。

（14）调查锚张力记录。

（15）静力触探仪记录。

根据勘察获取的各部分内容，由路由勘察单位组织进行内部评审，对路由勘察结果进行综合分析，进一步优选终端站、陆缆段路径、登陆点及海上段路径，确定一个路径方案。这既影响系统构成长度，也关系到系统设计质量。终端站、陆缆路径及登陆点和海缆路径的选择要根据多种因素综合考虑，如整个光缆网系统的布局与方便接入、平时便于维护和管理、陆段及近岸的开发建设规划、海区的捕捞养殖及其他可能的使用、对系统长度的影响等。对照路由调查、勘测技术规格书的要求，审查路由调查、勘测外业工作质量，数据采集的可靠性，资料整理及分析的合理性，评价结论的正确性；从技术可行性、投资合理性和使用海域科学性审查推荐路由是否恰当；路由调查、勘测报告评审应提出书面评审意见。

3.19　海缆路由审查、报批及备案

在最终完成路由勘察报告后，路由勘察单位及委托单位向路由勘察许可发放的海洋局申请召开路由勘察评审会。相关海洋局负责主持召开路由审查会议，邀请有关专家和路由区有开发利用活动的部门（包括军事机关）参加。审查会议应形成纪要，作为主管机关审批路由和协调赔偿责任的依据。

路由审查会议的主要内容有：

(1)《路由调查、勘测申请书》的实施情况和推荐路由的合理性和可行性。

(2) 海底电缆、管道路由与其他海洋资源开发活动的相互影响与协调。

(3) 其他与审批海底电缆、管道路由有关的事项。

对海缆路由勘察后通过专家评审的最终确定路由根据国家海洋管理的相关规定进行后续审批，并进行相关备案，作为最终批复施工许可的组成部分。

3.20　海域使用权证获取

在桌面研究完成确定路由调查对象后，根据路由调查的初步结果可启动海域使用权证的获取工作。各地海洋管理部门对于海域使用权证的申请程序有一定区别，基本程序简单描述如下：

1. 前期准备阶段

(1) 用海单位（建设单位）可以自行或委托相关单位进行“海缆路由海域使用论证报告”的编写。

(2) 用海单位向当地海洋管理部门提出“海缆路由海域使用论证报告”审查的申请。

(3) 受理后当地海洋管理部门对用海活动进行评估，如可用海则召开“海缆路由海域使用论证报告”评审会。

(4) 用海单位根据评审会专家意见对报告进行修改并通过复核后，提交“海缆路由海域使用论证报告”（报批稿）。

(5) 用海单位提出用海预审意见的请示，由受理的海洋管理部门讨论后给

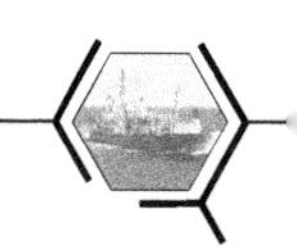

出用海预审意见。

2. 审核审批阶段

（1）用海单位所在市政府向省政府提出批准项目用海的申请。

（2）省政府将相关申请转由省级海洋管理部门进行审查处理，审核通过后上报省政府审批。

（3）省政府审批同意后再转至省级海洋管理部门，由省级海洋管理部门批复同意用海。

3. 获证阶段

（1）用海单位根据用海批复文件缴纳海域使用金。

（2）省级海洋管理部门对用海项目进行统一配号、登记，并在网上发布海域使用公告。

（3）用海单位向不动产登记局申请不动产统一登记。

3.21　环境影响评估及海洋渔业资源赔偿及补偿

海缆所有者向海洋管理部门或海洋环境保护管理部门咨询：开展海洋工程环境评价报告书的编写或海洋工程环境评价报告表的编制；委托有海洋环境评价资质的技术单位进行编写或编制；如果需要进行海洋工程环境评价报告书的编写，则先进行海洋工程环境评价工作大纲的编制；环境保护管理部门组织专家对大纲进行技术评审和相关部门的协调会；技术承担单位就专家的评审意见进行大纲的修改，并送管理部门审批后开展评价报告编写工作（外业和内业工作）；报告完成后，由环境保护管理部门组织专家对评价报告书进行技术评审，会后形成会议纪要和专家评审意见连同报告书报送环境保护管理部门审批。根据报告中确定的补偿金额对工程所造成的海洋渔业资源进行补偿。

环境影响评估的实施参照 GB/T 19485—2014《海洋工程环境影响评价技术导则》执行。

3.22　海底电缆铺设施工许可证批准

建设单位先后完成海域使用预审批复、路由勘察报告批复、环境影响评估报告批复并完成相关资源赔偿后即可向海洋管理部门申请海底电缆铺设施工许可证。

第 4 章

海缆施工准备工作

海缆施工准备工作包括对施工船只、使用埋设和敷设设备及主要施工人员、制定施工组织设计、施工单位开工报审、路径海区清障扫海、海缆设备及器材验收、接续和装船运输、施工船只进行铺设施工前的准备工作等内容。

4.1 确定施工船只、使用埋设和敷设设备及主要施工人员

根据海缆工程项目的具体需求，对施工船只、使用埋设和敷设设备及主要施工人员提出要求，如：

1. 施工船只性能要求

(1) 应具备动力定位的能力。

(2) 具备航行到 Xm 水深海域的能力，适航区应满足施工海域规定海区需要；在 X 级海况下可施工；应具备 X 天以上的续航时间；在海底光缆作业时，应保证 24h 连续作业。

(3) 辅助船舶包括交通、补给船舶，适航区为无限航区，补给船舶具备 Xt 以上的装载能力。

(4) 应具备长距离敷设能力，装载量不小于 Xt，海缆舱容积不能少于 $X\text{m}^3$。

(5) 施工船和作业设备应参加过海底光缆工程施工，如果没有工程经验，工程施工前应在施工海域通过海试试验验证。

(6) 应配备满足施工需要的主发电机和辅助发电机。

(7) 应配备满足国家法律、法规要求的通信、导航、雷达、救生等设备。

(8) 施工船导航差分定位精度：≤±5m；必要时应配备北斗导航定位系统。

(9) 应配备鼓轮机、轮胎机、埋设犁、退扭架、电缆仓、海缆接续室等施工设备。

(10) 船上宜配备满足海缆工程施工用的海底光缆敷设软件系统。

(11) 应能对施工过程的各种参数进行实时精确记录，并将电子数据提供给建设单位。

(12) 应具备制动装置或有同类型措施，可以保证在悬停或回收状态下，海

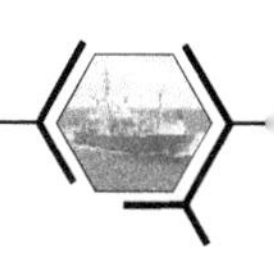

底光缆不发生滑脱（最大张力为海底光缆 NTTS），不能对海底光缆造成损伤；一旦发生滑脱应具备紧急制动装置（允许损伤海底光缆但不能发生破断，避免打捞断缆）。

（13）应能提供海底光缆装船时所有的设备，包括但不限于牵引机、海底光缆通道架子、吊车等。

（14）应具备一套完整综合的海底光缆打捞、收放浮标、海底光缆维修、缆端登陆等所需工具。

（15）应具有未来一周的精确天气预报的保障支持。

（16）应具有海底光缆登陆能力及相关经验。

2. 施工设备性能要求

（1）鼓轮机直径应不小于 3m，具备定余量敷设、定张力敷设、打捞回收等主要功能。打捞回收牵引力不小于 300kN，回收速度不小于 30m/min；最大敷设速度不大于 4 节，敷设制动力不小于 200kN；鼓轮机应设置排线装置，防止损伤光缆表皮。

（2）轮胎机应具备定余量敷设、定张力敷设等主要功能；输送侧压力应小于 20kN/m；具备速度自动和手动响应两种功能；单独采用轮胎机敷设深水光缆时，收放拉力不小于 80kN；具有紧急制动的方案。

（3）倒缆机的轮胎数量不少于 1 组（1 对）。

（4）海底光缆最小退扭高度：不小于 7m。

（5）海底光缆作业通道弯曲半径：不小于 1.5m。

（6）敷设软件应实时精确记录路由、经纬度、水深、海底光缆张力、敷设速度与敷设长度等参数。正常施工海底光缆上的拉力值不能超过自身工作拉伸负荷 NOTS，最大回收张力不能持续 30min 超过自身短暂拉伸负荷 NTTS。

（7）控制系统应反映实时敷设余量、自动控制鼓轮机和轮胎机等的工作状态；设有保险与报警装置。

（8）敷设速度、敷设长度及计米器等误差要小于 0.25%。

3. 主要施工人员要求

（1）主要施工人员应具备海缆工程施工相关工作经验，针对不同操作岗位应具备相应设备操作注册资格证书。

（2）施工人员能够按照施工工艺及其安全规范进行操作，防止事故的发生。

4.2　施工单位制定施工组织设计

施工单位编制的施工组织设计，安全、质量、进度管理体系应健全，保证措施应切实可靠、有针对性。专职管理人员和特种作业人员必须具备相应的资格证书和上岗证，安全、环保、消防和文明施工措施完善合理，并符合有关规定。

施工组织设计应选用成熟的、先进的施工技术，满足工程质量、安全和进度要求。

施工组织设计中的质量、进度目标应与施工合同一致。施工组织设计中的施工部署和程序应满足设计要求。

4.3 施工单位开工报审

工程开工前，施工单位应向监理单位提交开工申请文件，一般包括：

(1) 工程开工/复工报审表。

(2) 施工组织设计（方案）报审表。

(3) 路由复核结果。

(4) 施工许可证。

施工单位应提供拟进场的工程材料、构配件和设备报验表及质量证明文件，并配合监理单位对进场的实物按照合同约定或质量管理文件规定的比例进行抽检，若要在施工中应用新材料，应事先提交对其技术鉴定及有关试验和实际应用报告供审查。同时，施工单位应按项目批准权限将开工报告报信息通信工程建设主管部门备案。

工程项目开工前，施工单位应派代表参加由建设单位主持召开的第一次工作会议。会议中施工单位应介绍驻现场的组织机构、人员分工以及施工准备情况，还应根据建设单位和监理单位在会议中对施工准备情况提出的意见和要求进行整改，对施工船只及施工设备进行检试，以及进行设备增装和改造。同时，及时申办相关施工手续。

4.4 组织施工协同模拟训练，完善施工方案

施工单位应根据海缆工程的具体施工过程，组织主施工船只和辅助施工船只进行协同模拟训练和海试，验证施工预案，针对出现的问题进行整改，完善施工方案。

4.5 路径海区清障扫海

在进行海底光缆线路敷设施工前，必须对路由海区进行清扫，为海底光缆线路的敷设作业提供保障。

根据海区实际，进行准确地在预设路径上实施适合宽度的扫海锚拖底扫海，

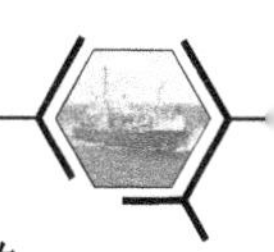

当张力增加时，应及时停船收锚将挂起物全部收回至甲板。在无明显张力增加的情况也应在连续扫海 2h 后主动起锚，观察扫海锚上杂物情况。扫海总宽度和扫线间距，应视路由海区深度、导航设备精度、船只航行控制能力和海底废弃物多少等因素决定。如是以前的养殖区或定址网区就应加密扫海。

清扫海区的内容和要求一般包括：

（1）根据工程设计要求和路由勘测资料，用海缆船或其他船只拖带扫海锚对路由中心线及两侧各 100m 范围进行不少于 2 次的扫海，清除路由上废弃线、缆和障碍物。

（2）了解路由海底地质、地形及海面渔网、水产养殖等情况并及时作好定位和记录。

同时，应同地方政府及管理部门协调办理好，不便避让的妨碍海上作业的网具、养殖设施等拆迁、清理及赔偿处理工作，并形成书面协议对清理时间和清理要求加以限定，避免海上施工时产生延误或造成其他麻烦和损失。必要时要对海上拆迁、清障进行现场监督，准确掌握海区清障情况。

4.6　组织对采购海缆设备和器材验收、接续和装船运输

主管机关组织海缆工程中采购的海缆设备器材进行测试验收及评审，并召开专家评审会，与建设单位、监理单位、施工单位等部门一起联合签字确认。然后，对已测试验收过的海缆进行接续及装船运输。

装船前生产单位应对海底光缆进行测试，确认其相关性能指标符合光缆出厂验收标准要求，参见附录 A 中记录的表格样式。

根据海底光缆的敷设方案，兼顾海底光缆接头盒和中继器配置、装载后和敷设中海缆船的平衡等情况，施工单位应制定装船计划，按计划装船。

海底光缆在缆舱内应盘成圆柱形，其盘放高度应低于缆舱锥体高度，缆盘的最高层距缆舱顶部高度满足退扭要求；盘缆时宜以缆舱锥体为圆心沿顺时针方向由外向内盘绕，内圈最小弯曲半径应大于该海底光缆最小弯曲半径；必要时缆盘层间可用硬聚氯乙烯、木条或毛竹薄片隔开，并标注层号、记录圈数和内外圈长度；各层间的转层引缆排放应相互错开，保持盘放平整。

带接头盒、中继器的海底光缆装船时，宜先装缆后安装接头盒、中继器。连接段较多时，应将计划连接的海底光缆端头在留足接续余量后，捆绑在一起按顺序摆放在规定位置，并设号牌系在海底光缆端头防止相互穿插和接错。

盘放时应将海底光缆端头引至监测室，对海底光缆进行装船过程中的不间断监测，发现问题及时处理。

装载完毕后应进行海底光缆性能检查测试，确认相关性能指标满足工程设计

要求；遇两段以上需连接时，应在各段经测试符合要求后进行连接作业。

其他装载方式参照上述情况规定处理，承运单位应制定详细的装载计划，确保海底光缆的相关性能指标符合光缆出厂验收标准要求。

4.7 施工船只进行铺设施工前的准备工作

对海缆已装载完毕的施工船只，在施工前，应对施工期间的油水、器材和食品进行充分补给，必须留有一定的余量，预防施工期间由于天气等原因造成的施工周期延长等问题。

同时，在工程施工前，应协调办理发布海上施工通告，并组织施工警戒力量充分保障海缆施工的顺利展开。

在充分掌握施工海区气象趋势的前提下，商讨确定施工最佳窗口时机，并提前完成施工队伍集结和做好相应施工准备工作。

第 5 章 海缆铺设施工及工程收尾工作

海缆铺设施工及工程收尾工作包括海缆铺设施工就位及组织海缆监测、施工警戒、首端倒盘海缆和登陆作业、海缆埋设作业、敷设作业、接头盒与中继器的接续组装、末端倒缆及登陆作业、海缆铺设性能检测、海缆铺设段线路保护及加固、海缆的光电性能施工质量检测、撤收施工辅助设施后返航，组织卸载查验施工剩余器材设备并入库存放、施工资料的内容及管理、施工过程的安全管理等工作。

5.1 海缆铺设施工就位及组织海缆监测、施工警戒

参加和配合施工的船只、人员做好施工前准备后，集结开赴至施工附近港湾、锚地就位，同时组织做好海缆施工前后的性能检测工作，如光电性能、应力变化等，在施工船只附近安排好警戒力量，对施工过程进行全程保护和巡逻警戒。

5.2 首端倒盘海缆和登陆作业

海缆登陆作业分为始端登陆和终端登陆，登陆点情况困难复杂的宜选为始端登陆点。

海缆的登陆应根据海区的气象、潮汐、潮流选择有利时机进行。将登陆海缆首端倒盘封头后可采用浮球或人工牵引登陆，也可采用登陆艇等平底船配合直接布放近岸段海缆登陆。

其中，海缆的登陆准备工作应包括：

（1）丈量施工船与人井（水线房）之间的距离，确定登陆段海缆的长度。

（2）陆上海岸部分要准备好登陆用滑轮、牵引用钢丝绳、制动用锚链或钢丝绳、联络用无线电话机等机具，并设置好帮助敷设船定向的临时陆标。

(3) 在施工船与海岸之间的海域上，宜配备拖船、警戒船以及其他作业辅助船，在不影响登陆作业的范围内，必要的地方事先要设置一些简易的标志浮标。

海缆的登陆作业应做到以下原则：

(1) 登陆应沿选定路由进行。

(2) 布放过程应尽量走直线，严禁海缆打圈扭结。

海缆所受张力应不大于其工作拉伸负荷，瞬间最大张力应不大于其短暂拉伸负荷，海缆的弯曲半径应不小于其最小弯曲半径。

登陆过程中应对海缆性能进行监测并记录，随时掌握海缆质量状况，发现问题及时处理，参见附录 B 中记录的表格样式。

位于近岸段及潮间带的海缆均应进行埋设，其中，近岸段海缆埋设深度一般应不小于 1.0m，特殊情况视工程设计要求确定，不具备埋设条件时，应采取加装保护套管或填埋、被覆等保护措施；潮间带及岸上段海缆埋设深度视地质情况而定，普通土质地段应不小于 1.5m，半石质地段应不小于 1.0m，全石质地段应不小于 0.8m。

登陆作业完成后，准确标绘记录海缆登陆段敷设位置，提供埋设后登陆段海缆位置图及其说明。

5.3 海缆埋设作业

海缆施工船只通过埋设犁进行埋设作业，海缆的埋设深度因路由不同部分对海缆要求保护的程度不同而有所区别，工程中应根据具体情况对路由的不同部分作出相应选择。其中，海上部分海缆埋设深度应视施工区域海底底质及工程设计要求确定。

海缆线路埋设应沿选定路由进行，实际埋设路由与选定路由中心线偏差，应根据工程设计要求值执行。不得超越扫海清障区域埋设。

张力控制以“该海缆自入水至海底部分的水中重量加 2kN”为参考，埋设过程中海缆所受张力应不大于其工作拉伸负荷，所受瞬间张力应不大于其短暂拉伸负荷，海缆的弯曲半径应不小于其最小弯曲半径。

埋设过程中准确标绘并记录海缆、接头盒、中继器的埋设位置和埋设深度及所受张力等数据，应对海缆纤芯逐根进行监测并记录，参见附录 B 中记录的表格样式，随时掌握质量状况，发现问题及时处理。

埋设后的海缆传输性能必须符合相应产品规范和系统设计要求，埋设后提供海缆埋设位置图及其说明。

海缆埋设作业过程中，如需要与其他管线进行交越施工时，应先与其业主单

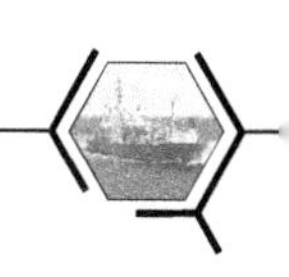

位联系，签订相关协议，按照协议进行施工，做好交越点的保护。

5.4　海缆敷设作业

海缆敷设应沿选定路由进行，实际敷设路由与选定路由中心线偏差，按工程设计要求值执行，不得超越扫海清障区域敷设。

敷设余量以海缆不在海底悬空为原则确定（必要时需考虑不切断海缆打捞所需的余量），具体按工程设计要求实施；敷设的海缆应随海底地形变化平铺于海床，不应悬空、堆积，严禁扭结。

敷设过程中海缆所受张力应不大于其工作拉伸负荷，所受瞬间张力应不大于其短暂拉伸负荷，海缆的弯曲半径应不小于其最小弯曲半径。

敷设过程应对海缆性能进行监测并记录，参见附录 B 中记录的表格样式，随时掌握海缆质量状况。发现问题及时处理，敷设过程中必须准确标绘并记录海缆、接头盒、中继器的敷设位置及所受张力等数据。

敷设后的海缆传输性能必须符合相应产品规范和系统设计要求，敷设后提供海缆敷设位置图及其说明。

5.5　接头盒与中继器的接续组装

海缆接续组装分为海-海接续和海-陆接续，海-海接续可在工厂或海上进行，海-陆接续在海上和陆上光缆敷设完毕后进行。

接续应在清洁环境下进行，检查、清洁光缆的连接部位、工具和材料，接续人员必须经过上岗培训并具有相应资格证书，接续前应检查两段光缆的光纤性能、导体的绝缘性能和接头盒的水密性能，确认各项指标合格后方可接续。

海上部分接续必须使用海-海接头盒，海陆缆接续必须使用海-陆接头盒，接头盒具体性能指标参见 GJB 5652—2006《海底光缆接头盒规范》。

光纤接续全过程应采用光时域反射仪或光功率计进行质量监视，每根光纤接续完成后均应测量接头损耗，参见附录 B 中记录的表格样式。测试合格的光纤，应立即做增强保护并记录，光纤连接后，应根据接头盒的结构按要求将余纤盘在储纤盘里并固定，光纤盘绕弯曲半径应不小于产品指标规定的弯曲半径，接头部位应平直不受力。

缆芯的连接、金属导线的直流电阻、绝缘电阻应符合工程设计要求，铠装的连接应视海缆和接头盒的结构按工程设计要求进行。

接头盒封装完毕，应测试检查接头损耗并记录，接头的平均损耗必须达到系统设计要求，发现不合格时必须返工。

有中继海缆的施工过程中，中继器的接续组装要求同接头盒，但在测试中需增加若干测试项目，如各条光纤的连接损耗（双向平均值）、总损耗、中继段光纤后向散射信号曲线、金属导体的直流电阻及对地绝缘电阻等，具体要求应符合GJB 1633—1993 中 2.4 的相关规定。

5.6 末端倒缆及登陆作业

海缆施工船只完成海缆埋设作业后，回收埋设犁。

海缆施工船只到达末端登陆点就位后，改用布放方式将登陆段海缆临时布设到海中，并将该段海缆末端封头拴浮标抛于海中；由布缆艇回收临时布于海中的末端登陆段海缆，并将其布放至岸边；最后，进行两端登陆段未埋设海缆的事后埋设工作。

在海缆末端登陆作业过程中，陆上海岸部分要准备好登陆用滑轮、牵引用钢丝绳、制动用锚链或钢丝绳、联络用无线电话机等机具，并设置好帮助敷设船定向的临时陆标。登陆过程中应对海缆性能进行监测并记录，随时掌握海缆质量状况，发现问题及时处理，参见附录 B 中记录的表格样式。

位于近岸段及潮间带的海缆均应进行埋设，埋设深度同 5.2 节要求。

海缆末端登陆作业完成后，准确标绘并记录海缆登陆段敷设位置，提供埋设后登陆段海缆位置图及其说明。

5.7 海缆铺设性能检测

在海缆线路工程施工的各个阶段均应对海缆的光学性能和电气性能进行检测，并详细记录。参见附录 B 中记录的表格样式，所测各项性能指标均应符合产品规范和系统设计要求。

对装载上船的海缆进行性能检测，包括逐根进行光纤长度、光纤衰减测试、金属导体的直流电阻及对地绝缘电阻的测试。

线路接续过程中接续损耗现场监测。在光纤接续的同时用光时域反射仪（OTDR）直接监视测量接头损耗情况，确保每根光纤的接头损耗满足系统设计要求。

线路敷设联通后全线性能检测。包括对工程全线海缆的光学性能、电气性能进行的全面检测，如测试计算各条光纤的连接损耗（双向平均值）、总损耗，针对有中继海缆系统，测试并存储中继段光纤后向散射信号曲线，测试金属导体的直流电阻及对地绝缘电阻等，具体要求应符合 GJB 1633—1993 中 2.4 的相关规定。

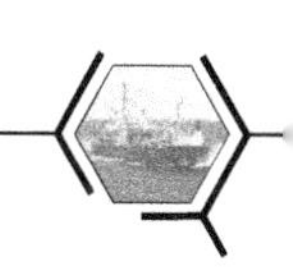

5.8 海缆铺设段线路保护及加固

在海缆铺设施工过程中，线路保护及加固主要分为4种情况：

1. 海中段保护

海缆线路一般情况应通过加强铠装或加大海缆埋设深度等进行加固，在特殊海域（如海底地质为石质）不能埋设时，宜采取在海缆外安装关节对剖式铸铁套管、耐磨高强保护管、海缆保护垫或增加钢丝铠装护层并加以固定等措施进行加固。

2. 近岸段保护

近岸段底质为泥沙质时进行人工冲（挖）埋，其深度应不小于1.2m或根据工程具体要求确定。

近岸段底质为礁石或基岩时应先爆破开沟，并对海缆安装关节对剖式铸铁套管保护，再覆盖石笼或水泥砂浆袋对海缆进行被覆，开沟深度应不小于0.8m或根据工程具体要求确定。

3. 潮间带保护

潮间带段海缆应全程安装关节对剖式铸铁套管保护。

地质为泥沙质时应挖、凿沟并搬石回填保护，沟深度应不小于1.2m或根据工程具体要求确定。

地质为礁石或混凝土构筑物等不宜开沟之处时，应用混凝土对其进行被覆。

4. 岸上段保护

地质为泥沙质时进行直接埋设，其深度应不小于1.2m或根据工程具体要求确定。

地质为礁石或混凝土构筑物等不宜开沟之处时，应先对海缆安装关节对剖式铸铁套管保护，然后再用混凝土对其进行被覆。

所处地段易被洪水冲刷或坡度较大时，应对海缆进行深埋或设挡土墙。

海缆需穿越海堤、公路时，应按施工图设计要求进行保护。

在海缆线路工程的施工过程中，根据不可开挖场所的地质条件，可采用水平定向钻保护：

（1）导向孔钻进：司钻根据导向仪传递的有关钻头参数，调整实际钻进轨迹与设计轨迹的偏差，确保正确钻进。

（2）扩孔：导向孔完成后，在出土点换上旋转接头和扩孔器进行回扩，经回扩的最终孔道直径应是海缆直径的1.5~2.0倍。若一次回扩不能满足要求，可进行多次回扩，扩孔器后面应接入钻杆，以保证下一次回扩的顺利进行。

（3）拖管：拖管可与最后一次扩孔同时进行，对于PE管，作用在海缆上拉

力不应太大，以免拉伤 PE 管。

5.9 海缆的光电性能施工质量检测

针对海缆施工过程中的光电性能进行质量检测，用光时域反射仪（OTDR）直接监视测量每根光纤的衰减值，应满足系统设计要求。OTDR 检测到的光纤后向散射曲线应平滑、清晰无误、无明显台阶，接头部分无异常。

针对有中继海缆系统，检测中继段光纤后向散射信号曲线，具体要求应符合 GJB 1633—1993 中 2.4 的相关规定。

5.10 撤收施工辅助设施后返航，组织卸载查验施工剩余器材设备并入库存放

海缆铺设施工作业完成后，撤收施工辅助设施，施工船只及辅助船只返航，同时组织查验施工后的剩余器材设备，将其分类后卸载入库存放，余缆可盘放在缆池内或仓库内，并做好交接和存档工作。施工单位应将剩余的海缆移交给建设单位存放，建设单位、监理单位、承建单位三方签字确认。

5.11 施工资料的内容及管理

施工资料的内容主要分为 3 类：

1. 施工前应提交的资料内容

（1）施工安全技术交底。

（2）施工组织设计审批表。

（3）施工许可证。

（4）海底光缆产品合格证。

（5）工程材料、构配件和设备的质量证明文件，外购软件的版权证明材料。

（6）航次会议交底签到单。

（7）开工报告。

2. 施工中应提交的资料内容

（1）施工日志。

（2）施工周（月）报。

（3）海底光缆线路工程测试记录（包括装船、施工前、始端登陆、施工过程中监测、终端登陆、工程验收时进行的所有测试记录）。

（4）与建设单位、监理单位往来文书。

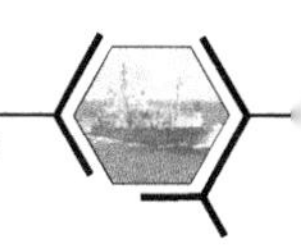

（5）隐蔽工程验收记录。

3. 施工结束后应提交的资料内容

（1）竣工路由图。

（2）路由保护示意图。

（3）海底光缆埋设记录表。

（4）完工报告。

（5）工程完工验收单。

（6）建筑安装工程量总表。

（7）工程竣工图纸。

施工资料的管理主要有4个方面：

（1）施工资料必须及时整理、真实完整、分类有序，施工资料的管理应由项目经理负责，并指定专人具体实施。

（2）施工资料应在各阶段施工工作结束后及时整理归档。

（3）施工资料的编制及保存应按有关规定执行。

（4）部分资料一式多份移交给建设单位和监理单位。

5.12 施工过程的安全管理

施工单位应贯彻执行《中华人民共和国安全生产法》《建设工程安全生产管理条例》《生产安全事故报告和调查处理条例》和《通信建设工程安全生产管理规定》。

施工单位应在开工前对施工人员进行安全教育，落实各工序安全防护措施。当施工作业可能对毗邻设备、管线等造成损害时，施工单位应做好防护措施。

施工单位应根据施工现场情况，制定施工安全和文明生产措施，在整个施工过程中坚持“安全第一、预防为主”的方针，设置符合按相关规定的安全警示标志。暂停施工时，应做好现场防护。施工时产生的噪音、粉尘、废物、振动及照明等对人和环境可能造成危害和污染时，要采取相应的保护措施。

施工单位应严格按施工组织设计（方案）中的安全技术措施及安全生产操作规程进行施工，应依据工程需要设立相应的专职或兼职安全管理人员，并对建设工程安全生产承担责任。

施工过程中，当发现存在安全事故隐患时，施工单位应按要求立即整改，情况严重的，应暂停施工并报建设单位，当发生危及人身安全的紧急情况时，项目经理应要求施工人员立即停止作业或采取必要应急措施后撤离现场。

当发生安全事故时，施工单位应立即暂停施工，采取措施防止事故扩大，保护事故现场，并及时向建设单位或相关部门报告。事故发生后，应参与事故的调查，并配合相关部门进行处理。

第 6 章 海缆系统联通与组织保护管理

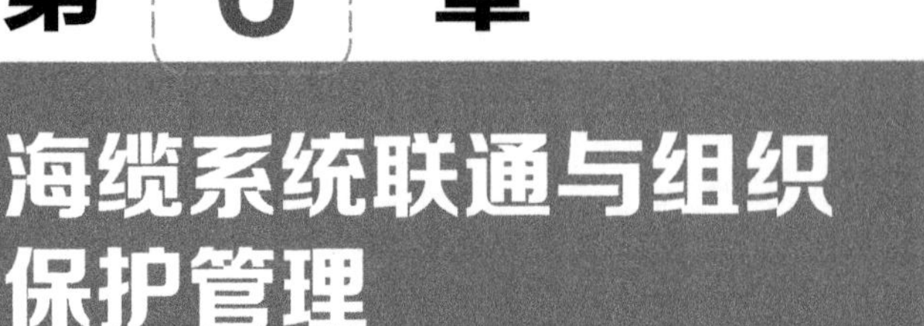

海缆系统联通与组织保护管理包括海缆与陆缆的连接和测试及开通工作、避雷接地、标桩设施的保护及埋设、设置标志牌等辅助设施、海缆建设工程开通试运行、划定海缆禁区作业区、下达维护管理任务文件或签署维护协议、组织实施海缆保护的宣传和重点监护工作、做好保修期工作、维修工作的内容及要求等内容。

6.1 海陆缆的连接和测试及开通工作

成功完成海缆两端登陆作业并经性能测试检验确认海缆段符合施工要求后，就可以立即组织与提前建好的陆地光缆进行系统光路连接工作，以避免海缆段敷设完成后，不能马上与终端连通，无法实现对海缆系统的及时、全时监测管理的现象。

海陆缆的连接必须使用海-陆接头盒，光纤接续全过程应采用光时域反射仪（OTDR）或光功率计进行质量监视。每根光纤接续完成后均应测量接头损耗，参见附录 B 中记录的表格样式。测试合格的光纤，应立即做增强保护并记录。光纤连接后，应根据接头盒的结构，按要求将余纤盘在储纤盘里并固定，光纤盘绕弯曲半径应不小于产品指标规定的弯曲半径，接头部位应平直不受力。

海陆缆接续人员必须经过严格训练并具有资格证书。接续作业应在采取除尘措施的清洁环境下进行，并确保光缆的连续部位和工具、材料清洁。

海-陆接头盒封装完毕，应测试检查接头损耗并记录，接头的平均损耗必须达到系统设计要求（通常应不大于 0.05dB），发现不合格时必须重新进行海陆缆连接。

当成功完成海陆缆连接及测试后，将成端海缆送至机房内 ODF 架外端成端，机房内传输设备通过光纤跳线连接至 ODF 架，从而开通两站间通信业务。

6.2 完成避雷接地、标桩设施的保护及埋设

陆埋海缆线路防雷应符合以下规定：

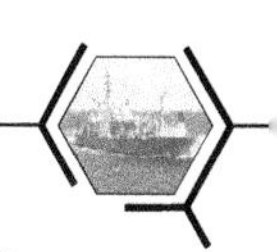

（1）线路通过雷区时，应避开地面上高于6.5m的孤立电杆及其拉线、孤立大树、高耸建筑物及其保护接地装置，其间距要求应符合工程设计要求。

（2）海底光缆水线房（井）应设防雷保护装置，海缆铠装应与防雷保护装置接地体进行连接；防雷保护装置的安装及部件的连接均应为焊接，焊点应光洁、牢固。

（3）防雷保护装置的接地电阻应不大于5Ω，在土壤电阻率大于100Ω·m的地区，其接地电阻应不大于10Ω。

（4）海缆内金属导体与陆地光缆导体的连接应符合工程设计文件的规定。

（5）易遭雷击的海缆陆埋地段应布放排流线。

按工程设计要求应采取相应的放强电措施。

在选择海缆路由时，应避开海水硫化物含量大于100mg/kg的海区；陆埋海缆在通过腐蚀性较大的地区时，应采用防腐海缆或在海缆上采取相应的防腐蚀措施加以保护。

标石设施，主要分为线路标石和监测标石，其制作要求，如标石的颜色、字体、符号、编号等应符合GJB 1633—1993中2.2.2的规定。

1. 线路标石

海缆线路标石的设立应符合以下要求：

（1）岸上段线路标石的设立位置、规格及标记、埋设方法等应符合GJB 1633—1993中2.2.2的规定。

（2）标石的编号顺序应由终端站沿海缆路由向入海方向依次编排。

（3）潮间带的海缆路由上应设线路入海方向标石组，标石组一般应由3块标石组成，间距2~3m，标石的顶端中间应标有方向箭头指向入海海缆的路由方向。

（4）所有标石安装后必须在竣工资料中体现。

2. 监测标石

海缆线路监测标石的设立应符合以下要求：

（1）海缆线路监测标石应设立在人井周围半径3m范围内，海缆监测线通过人井内部预留孔引出。

（2）监测标石规格及标记、埋设方法等应符合相关规定。

（3）监测标石内部应保持干燥，盖口处应涂抹润滑油以便开启。

6.3 设置标志牌等辅助设施

海缆登陆标志牌的设立及其结构与安装应符合以下要求：

（1）当海缆登陆点临近港口、码头、渔港等过往船只较多的地方时，应设

立海缆登陆标志牌。

（2）标志牌的结构及安装应符合下面的规定。

1）标志牌的结构。海底光缆线路的标志牌为边长 3m 的等边三角形，下图 6.1a 为其结构示意图。标志牌上是否安装标志灯可根据登陆点的具体情况由工程设计决定。标志牌的加固如图 6.1b 所示。

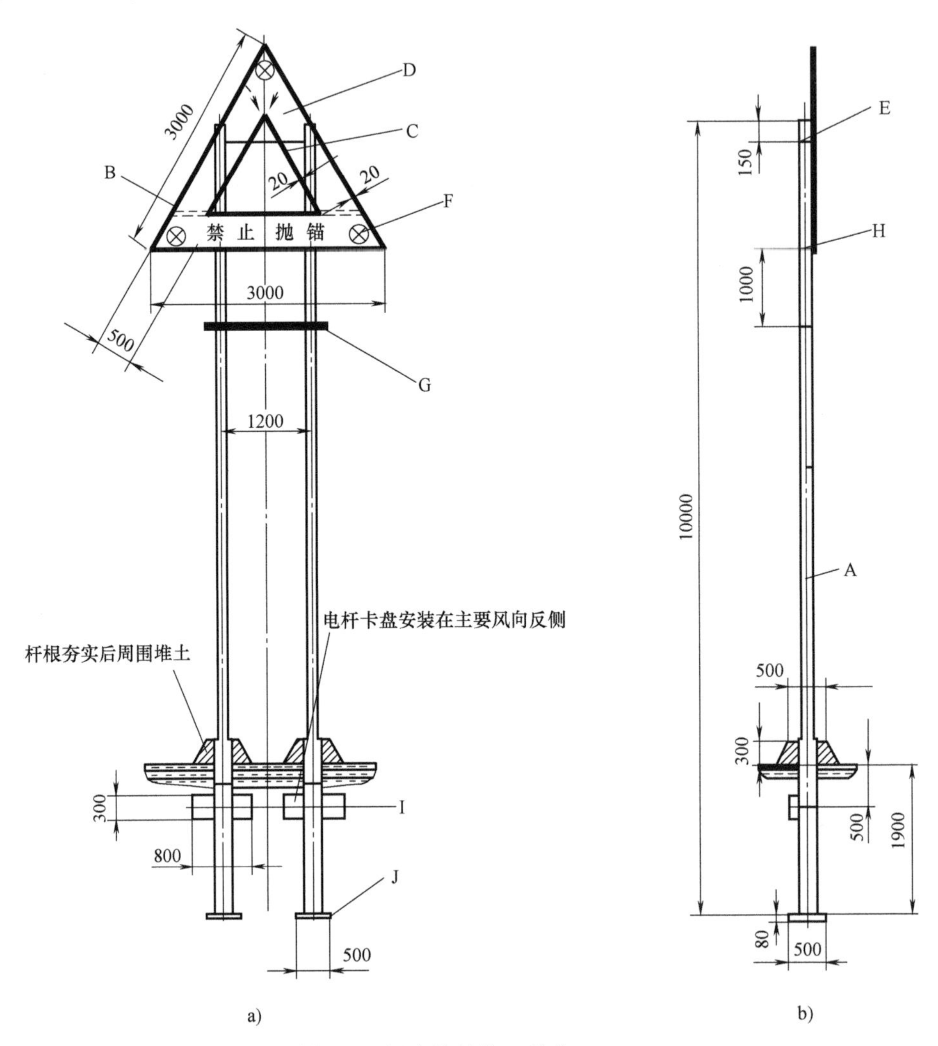

图 6.1　标志牌结构（单位：mm）

A—钢筋混凝土电杆　B—标志牌外框　C—标志牌内框　D—标志牌贴面　E—六角镀锌螺栓　F—标志灯　G—腰梁　H—装担 U 形抱箍　I—U 形抱箍及水泥卡盘　J—电杆水泥底盘

标志牌设置在土质松软的地方时，应在水泥杆底部加设底盘，如同时埋深也不能满足要求时，还应装设卡盘。卡盘宜安装在当地最大风力的风向反侧，并与

标志牌的板面平行。当标志牌所受风压力矩大于水泥杆允许弯矩时，还应加装拉线。

2）标志牌的安装材料。标志牌的安装材料见表6.1。

表6.1　标志牌的安装材料

序号	名称	数量	备注
1	Q150mm 钢筋混凝土电杆	2根	长度由设计确定
2	50mm×50mm×5mm 角钢	33.93kg	标志牌外框
3	30mm×30mm×3mm 角钢	10.05kg	标志牌内框
4	1mm 薄钢板	35.5kg	标志牌贴面
5	M4×20 六角镀锌螺栓	100套	
6	40mm×4mm 扁钢	1.3kg	灯钩用(无电源地点)
7	75mm×75mm×6mm 角钢	9.12kg	腰梁
8	防水灯头、灯罩、灯泡	3套	标志灯(有电源地点)
9	M16mm×300 镀锌穿钉	6副	含:穿钉1个、垫片2个、螺母1个
10	80mm×120mm 担夹	4只	
11	800mm×300mm×120mm 卡盘	2块	根据实际情况选用
12	500mm×500mm×80mm 底盘	2块	
13	卡盘U形抱箍	2套	R=140mm、L=440mm,一套中包括100mm×100mm 方垫片52个、M16螺母4个
14	500mm×300mm×150mm 拉线盘	4个	
15	M16mm×2100mm 地锚铁柄	4个	
16	7/2.2 镀锌钢绞线	8.4kg	
17	D164 拉线钢箍	2套	
18	拉线衬环(3股)	8只	
19	M3.0mm 镀锌铁线	0.8kg	
20	黑油漆	0.2kg	
21	红油漆	0.6kg	
22	白油漆	0.6kg	
23	红丹漆	0.3kg	

3）标志牌的颜色。标志牌的正面为白色，边框20mm为黑色，警告字“禁止抛锚”为黑色黑体字，支柱外露部分为宽150mm红白相间色。标志灯为红色，用防水灯座安装在标志牌的3个顶点。

（3）标志牌应设在地势高、无遮挡的地方，标志牌的高度可根据设立地点的地形确定，确保其在航道上可视。

（4）保密需要时，可不设标志牌。

6.4 海缆建设工程开通试运行

海缆建设工程初验通过后，建设单位可安排进行系统试运行，在遗留问题不影响系统开通业务时，也可初验后即投入试运行。

海缆建设工程试运行应由建设单位组织维护人员执行，可定期对设备进行非重要抽测，可对系统进行稳定性观察，可试开通部分业务。

工程试运行验收时对系统质量稳定性观察的重要阶段，试运行验收应从初验测试完毕开始，试运行时间不少于 3 个月。

工程试运行验收测试的主要指标和性能应达到本规范规定要求，方可进行工程终验，否则应追加试运行期，直到指标合格为止。

6.5 划定海缆禁区作业区

海缆线路铺设后应视工程保密程度，将海缆敷设路由及设施位置等有关资料报送海洋管理部门及有关单位，必要时可申请在海图上将海缆路由及两侧各一定范围划为禁止抛锚渔捞区。具体按国家和部队有关规定执行。

6.6 下达维护管理任务文件或签署维护协议

海缆建设工程终验后，下达维护管理任务文件给使用单位和维护管理单位，或者与维护保障单位签署维护协议，在文件或协议中明确海缆建设工程维护的起止时间、事件类型、处理办法、维护经费等要素，应明确维护管理单位应履行的职责和义务，并针对各类意外突发情况给出相应预案。

6.7 组织实施海缆保护的宣传和重点监护工作

海缆建设工程正式开展后，建设单位应组织相关单位进行海缆保护的宣传工作和重点监护工作，在重点区域贴出口号和标语，制作海缆工程保护小册子，以及海缆工程的宣传资料视频，并加大重点区域的巡查和监护工作，遇到危险情况或者意外事件出现，应及时通知维护管理单位或者使用单位保卫部门。

6.8 做好保修期工作

在工程保修期内，施工单位应依据工程建设合同约定的工程质保期的时间、

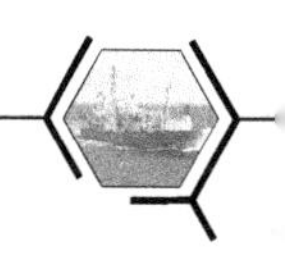

范围和内容开展工作。

在保修阶段的施工中，对工程修补、修复的要求应与施工阶段的要求相一致。

在工程保修期内，施工单位应依据监理单位提出的工程质量缺陷进行检查和记录，并按要求在规定时间内完成整改。

对非施工单位原因造成的工程质量缺陷，应由施工单位报送监理单位核实。

6.9　维修工作的内容及要求

维修工作主要包含以下 4 方面内容：

1. 故障点定位

海缆的故障点定位应采用光、电、磁等结合的方式对故障点进行精确定位。

2. 故障缆打捞

根据故障点定位结果并结合施工海域底质、天气情况，采取适当打捞方式，具体方式以尽量保护未受损海缆为原则。

打捞地点的选定以有利于保护施工、节省备缆为原则，海缆未断开的，离开故障点距离宜在 3 倍水深左右；海缆完全断开的，离开故障点距离宜在 5 倍水深左右。

3. 接续作业

与 5.5 节一致。

4. 修复段保护

备缆接续完毕后应采用套管保护。

原采用埋设保护的故障点，修复后应采用埋设方式保护，埋设深度应不小于 1.5m。

若故障点位置附近海域为礁石等不宜埋设的底质，可采用压盖石笼等方式进行保护。

第 7 章 海缆工程验收移交及工程总结

7.1 海缆工程器材检验流程及要求

海缆工程器材的检验主要包括对海底光缆、水泥及砂浆袋、保护套管、标石、海底光中继器设备、分支器和接头盒的检验，其相关要求如下。

7.1.1 海底光缆检验

海底光缆外观检查：外表圆整、长度标志完整、外皮和端头封装应完好。

海底光缆的光纤传输衰减特性等各项性能指标完全符合出厂验收标准要求。测试要求如下：

(1) 衰减测试：宜采用光时域反射仪进行双向测试。测试结果如超出标准或与出厂测试数值相差太大，应用光功率计测试来判定。

(2) 长度测试：对每根光纤进行测试，测试结果应一致，如在同一根海底光缆中，光纤长度差异较大，则应从另一端进行测试或做通光检查，以判定是否有断纤存在。

海底光缆中用于业务通信及远供的铜导线特性各项性能指标，应符合设计相关规定。

海底光缆装船、盘绕质量应符合要求，并应检查光纤的衰减常数、远供导体特性、直流电阻和绝缘电阻。

7.1.2 水泥及砂浆袋检验

各种标号的水泥应符合国家规定的产品质量标准。工程施工中不得使用过期的水泥，严禁使用受潮变质的水泥。

凡无产品出厂证明或无标记的、储存时间超过 3 个月或有变质迹象的水泥，使用前均应进行试验鉴定，依据鉴定情况确定使用方案或另行更换。

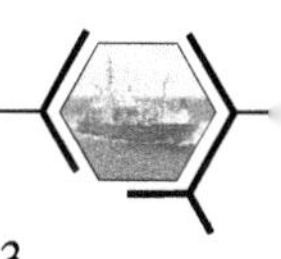

水泥预制品生产前，必须按水泥类别、标号及混凝土标号，做至少一组（3块）混凝土试块，具体组数由生产单位根据需要自定，其混凝土试块的规格见表7.1。

表7.1　混凝土试块规格　　（单位：mm）

混凝土料最大粒径	试块规格(长×宽×高)
30以下	100×100×100
30以上	150×150×150

水泥制品的质量应符合下列规定：

（1）管块的标称孔径允许最大负偏差应不大于1mm，管孔无变形。

（2）管块长度允许偏差不大于10mm；宽、高允许偏差不大于5mm、一孔以上的多孔管块，其各管孔中心相对位置允许偏差不大于0.5mm。

（3）干打水泥管块的实体重量不低于表7.2的参考值。混凝土管块应大于表7.2的参考值5%以上。

水泥砂浆袋的级配应符合设计要求。

表7.2　干打水泥管参考重量表

孔数(个)×孔径/mm	标称	外形尺寸(长×宽×高)/(mm×mm×mm)	重量/(kg/根)
2×90	二孔管块	600×250×140	27
3×90	三孔管块	600×360×140	37
4×90	四孔管块	600×250×250	45
6×90	六也管块	600×360×250	62

7.1.3　保护套管检验

钢材的材质、规格型号应符合设计文件的规定；不得有锈片剥落或严重锈蚀；管的内径负偏差应不大于1mm，管孔内壁应光滑、无节疤、无裂缝。

各种铁件的材质、规格及防锈处理等均应符合质量标准；不得有歪斜、扭曲、飞刺、断裂或破损；接续配件齐全有效，承插管的承口内径应与插口外径吻合；铁件的防锈处理和镀层均匀完整，表面光洁、无脱落、无气泡等缺陷。

7.1.4　标石检验

线路标石和监测标石的制作要求，如标石的颜色、字体、符号、编号等应符合GJB 1633—1993中2.2.2的规定。

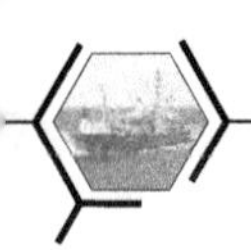

7.1.5 海底光中继设备检验

1. 海底光中继设备分类

海缆通信系统中的光中继设备分为用于无中继传输系统的无源中继设备和用于有中继传输系统的有源中继设备两大类。

2. 传输性能检验

(1) 无源中继设备

1) 工厂验收

(a) 主要内容：设备插入损耗；波长和波道数量；泵浦激光器的有效光功率；各波道的噪声系数、放大器增益、系统光功率预算、系统色散管理图等。

(b) 验收要求：应符合设计和系统要求。

2) 随工验收

(a) 主要内容：设备与光缆的接续损耗；设备在光缆线路中的位置。

(b) 验收要求：接续损耗应符合设计和系统要求；设备在光缆线路中的位置偏差应不超过±5km。

3) 竣工验收

(a) 主要内容：波长和波道数量；泵浦激光器的有效光功率；各波道的噪声系数、放大器增益、光功率预留量等。

(b) 验收要求：应符合设计和无中继传输系统要求。

(2) 有源中继设备

1) 工厂验收

(a) 主要内容：光纤对数；波长和波道数量；各波道的最小平均输入功率、最小平均输出功率；光接口处光功率预算和抖动性能。

(b) 验收要求：应符合设计和中继段及系统要求。

2) 随工验收

(a) 主要内容：设备与光缆的接续损耗；设备在光缆线路中的位置。

(b) 验收要求：接续损耗应符合设计和系统要求；设备在光缆线路中的位置偏差应不超过±5km。

3) 竣工验收

(a) 主要内容：光纤对数；波长和波道数量；噪声系数；光接口处光功率预留量和抖动性能。

(b) 验收要求：应符合设计和有中继传输系统要求。

(3) 光电光中继设备的传输性能要求如下：

1) 输入、输出光接口应符合有中继海缆通信系统功率预算要求。

2) 光接口抖动性能应符合有中继海缆通信系统要求。

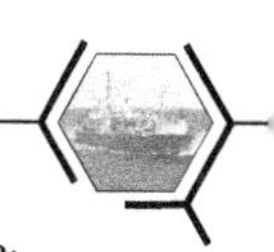

（4）全光中继设备的增益、噪声和偏振特性应符合有中继海缆通信系统要求。

3. 电气性能检验

（1）无源中继设备

1）工厂验收

（a）主要内容：导电线芯直流电阻；绝缘电阻；直流电压。

（b）验收要求：应符合 GJB 5652—2006 的要求。

2）随工验收

（a）主要内容：绝缘电阻；耐直流电压。

（b）验收要求：应符合 GJB 5652—2006 的要求。

3）竣工验收

（a）主要内容：导电线芯直流电阻（若有）；绝缘电阻；耐直流电压。

（b）验收要求：应符合 GJB 5652—2006 和无中继传输系统的要求。

（2）有源中继设备

1）工厂验收

（a）主要内容：受电方式和极性；工作电流和电压降；导体连接电阻；绝缘电阻和耐直流高压；高压极性变换。

（b）验收要求：应能通过海缆中的导体双极性受电；工作的恒定直流和电压降应满足设计和有中继传输系统的要求；应能可靠连接缆中的导体，连接电阻应≤0.1Ω/个；外壳与内部光电单元之间的绝缘电阻应不小于 10000MΩ/500V（DC）和耐直流高电压应不低于 200kV（DC）；高电压极性变换应能承受 1kV（对 10kV 系统）和 16kV（对 15kV 系统）并具有抗电浪涌措施。

2）随工验收

（a）主要内容：在船上接续时可参照工厂验收内容；对已在工厂完成接续的设备可只检查外观。

（b）验收要求：在船上接续时可参照工厂验收要求；对已在工厂完成接续的设备外观应无目力可见的损伤。

3）竣工验收

（a）主要内容：绝缘电阻和耐直流高电压；高电压极性变换。

（b）验收要求：应符合设计和有中继传输系统的要求。

4. 机械性能

机械性能在工厂检验时进行。

（1）抗拉性能

1）主要内容：设备的铠装终端的抗拉力。

2）验收要求：设备的铠装终端在承受与之相连接缆断裂拉伸负荷的 90% 的

拉伸力时，连接部位应无目力可见的断裂或滑移。

（2）耐海水腐蚀性能：

1）主要内容：有必要时，可检验设备抵抗海水腐蚀的性能。

2）验收要求：设备总成在温度为48℃±5℃的人工海水（5% NaCl）中沉浸225天后，与人工海水接触的表面应没有目力可见的擦拭不掉的锈蚀。

（3）密封性能

1）主要内容：设备阻止周围海水和气体侵入的性能。

2）验收要求：设备连接光缆后，在根据适用水深确定的水压下连续保持24h后，结构件应无目力可见的变形和损坏，密封区域内应无水渗入。

（4）热管理性能

1）主要内容：设备利用外壳将内部元件产生的热量散发性能。

2）验收要求：设备在室温下或水中按规定的直流电压和电流通电4h，检测升高的温度在允许范围内。

7.1.6 分支器检验

分支器外观、数量检查：分支器外观应完整无损；规格数量应符合工程设计要求。

分支器的各项性能指标应符合表7.3给出的要求。

表7.3 分支器的各项性能指标要求

项　　目	要　　求
接续损耗/dB	≤0.07
导电线芯接续后的直流电阻/Ω	≤0.02
导电线芯和不锈钢套管对地的绝缘电阻/MΩ	≥10000
导电线芯和不锈钢套管对地的直流电压/V	5000
断裂拉伸负荷	不小于海底光缆断裂拉伸负荷的90%
水压密封(48h)/MPa	5
工作寿命/y	≥25
工作温度范围/℃	-40~-10
存储温度范围/℃	-20~50

各项检测应在如下正常大气环境下进行：

（1）环境温度：15~35℃。

（2）相对湿度：20%~80%。

（3）气压：测试现场的大气压。

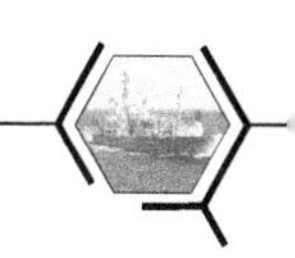

7.1.7　接头盒检验

海缆接头盒的相关指标和验收要求应符合 GJB 5652—2006 的规定。

7.2　海底光缆路由的验收流程及要求

海底光缆路由的验收内容主要包括以下 3 个方面：海底光缆路由、海底光缆铺设余量、埋设深度以及登陆段海底光缆。

7.2.1　海底光缆路由验收的方法及要求

海底光缆路由验收宜用水面探测法或水下机器人携带探测设备进行探测。

路由验收的一般要求如下：

海底光缆敷设前应进行路由复测。路由及敷设方式应以规划部门批准的红线和设计的施工图为依据，必要的路由变更，可由监理施工人员提出，经建设单位同意确定；对于 100m 以上较大的路由变更，设计单位应到场与监理、施工单位协商，建设单位批准，并填写“工程设计变更单”。

路由复测时，应核定海底光缆的路由走向、敷设位置。

海底光缆线路实际敷设路由与设计选定路由偏差不大于 100m，或符合工程设计要求。

禁区内局部更改路由时，新路由与禁区线距离不小于 200m，港内和非开阔海域不小于 50m，或符合工程设计要求。海底光缆线路与航道、锚地、海上石油平台、其他海底管线、水鼓、航标、灯桩、码头等永久性设施距离大于 2n mile（海里），在近岸港口附近非开阔水域不小于 200m，与管线交越垂直距离大于 0.8m，或符合工程设计要求。

海底光缆路由复验时，应符合当地的建设规划和地域内文物保护、环境保护和当地民族风俗的要求。

7.2.2　海底光缆铺设余量和埋设深度验收的方法及要求

海底光缆铺设余量验收方法：采用随工验收，根据计米器读取的海底光缆长度和设计的缆长来计算铺设余量。

海底光缆铺设余量验收要求：海中段实际铺设的海底光缆长度与施工图设计的海底光缆长度差值应不超过设计海底光缆长度的 5%；登陆段人井及滩头的余量应符合工程设计要求。

海底光缆埋设深度验收方法：采用随工验收，以旁站的方式记录埋设犁的埋深读数，作为随工验收的资料。工程结束后应利用海底光缆埋深探测设备进行复

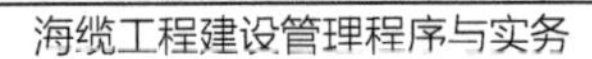

测验收。

海底光缆埋设深度验收要求：应根据工程设计确定的光缆埋设深度指标进行验收。

7.2.3 登陆段海底光缆验收的方法及要求

登陆段的海底光缆的验收项目包括登陆点位置、路由、埋深及保护方式。

1. 登陆点位置和路由的验收

验收方法：依据施工图设计，现场踏勘与测量相结合。

验收要求：应符合工程设计标准。

2. 登陆段海底光缆的埋深和保护方式验收

验收方法：采用光缆探测与现场抽检相结合的方式。

验收要求：验收指标根据工程设计要求。

7.3 海缆工程验收流程及要求

海缆工程验收流程包括 4 个阶段：随工验收、工程初验、工程试运行和工程终验。

7.3.1 随工验收

海缆线路工程在施工过程中应有建设单位委托的代表和监理工程师采取巡视、旁站等方式进行检验。对隐蔽工程项目，应由建设单位代表和监理工程师签署“隐蔽工程检验签证”。

海缆线路工程的质量过程控制应按表 7.4 内容实施。

表 7.4 光缆质量随工检验项目表

序号	项　　目	验收内容及要求	验收方式	备　　注
1	线路器材	所用各种接头盒(含附件和材料)及水下中继器的外观完整无损,规格数量符合工程设计要求	随工验收	
2	海底光缆装船	1)海底光缆外皮无损伤,端头封装良好 2)光纤衰减符合工程设计要求 3)绝缘层内导体对地绝缘电阻符合工程设计要求	随工验收	1)、2)、3)项任意一项不符合要求即为不合格

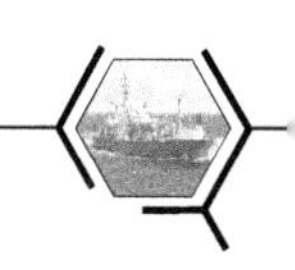

（续）

序号	项　　目	验收内容及要求	验收方式	备　　注
3	海底光缆接续	接续符合10.1节的规定	随工验收	光缆衰耗及绝缘性能任意一项不符合要求即为不合格
4	海底光缆敷设过程	1)海底光缆的弯曲半径符合工程设计要求 2)海底光缆承受张力符合工程设计要求 3)海底光缆、水下接头盒和水下中继器无损坏 4)海底光缆无堆积、扭结 5)埋设深度符合工程设计要求 6)海底光缆光纤衰减及绝缘性能符合工程设计要求	随工验收	第3)项1项不符合要求即为不合格
5	海底光缆铺设质量	1)海底光缆平卧于海底,无悬空、堆积、打圈、扭结 2)海底光缆外护层及铠装钢丝无明显损伤	随工验收与竣工验收结合	全线路有1处扭结即为不合格
6	海底光缆埋深	埋设深度符合工程设计要求的规定或工程设计要求	随工验收,竣工验收时检查埋深图	
7	海底光缆的铺设余量	铺设余量符合工程设计要求	随工验收	
8	登陆滩地海底光缆加固	符合工程设计要求的规定或工程设计要求	随工验收	
9	防腐措施	海底光缆的防腐符合工程设计要求的规定或工程设计要求	随工验收	

7.3.2　工程初验

海缆线路工程的初验，应在施工完毕并经自验及工程监理单位预验合格的基础上，由施工单位向建设单位提出初验申请（报验申请表样式参见附录B.1），建设单位组织设计单位、施工单位、监理单位和维护单位进行工程初验。

初验工作可以按安装工艺、电气特性和财务、物资、档案等小组对工程质量等进行全面检验评议。验收小组审查隐蔽工程签证记录，可对部分隐蔽工程进行抽查。

初验工作应在审查竣工技术文件的基础上按表7.4的内容进行检查和抽测。

对初验发现的问题提出处理意见，并落实相关责任单位限时解决。

初验结束应在工程初验工作完成后15天内向建设单位报送初验报告，报告样式参见附录B.2。

7.3.3 工程试运行

海缆线路工程经初验合格后，应组织试运行。

工程试运行应由维护部门或建设单位委托的代维单位进行试运行期维护，并全面考察工程质量。如发现问题应由施工单位返修。

试运行时间应不少于3个月。试运行结束后15天内，向上级主管部门报送工程试运行报告，报告样式参见附录B.3。

7.3.4 工程终验

在工程试运行结束后，由建设单位根据试运行期间系统主要性能指标达到设计要求及对存在遗留问题的处理意见组织设计、监理、施工和接收单位参加，对工程进行终验。

海缆线路工程的工程终验，应由竣工验收的各参与单位组成竣工验收小组，对初验中发现问题的处理进行抽检，对通信线路工程的质量及档案、投资结算等进行综合评价，并对工程设计、施工、监理以及相关管理部门的工作进行总结，并给出书面评价。

终验合格后应颁发验收证书。

7.4 竣工验收的相关工作

1. 竣工验收的准备工作

一般由建设单位组织进行，主要工作有：

（1）协同施工单位搞好主要工序和隐蔽工程的中间验收，为竣工验收积累并整理资料；竣工前，督促施工单位抓好收尾工程的施工及验收的准备工作，妥善处理各种质量问题。

（2）会同设计、施工等单位系统整理有关竣工文件、图纸、资料等工程技术档案，以备验收核查和交接。

（3）认真清理所有建材物资，核实实物数量。

（4）做好工程决算及投资分析，并报请上级主管部门审查批准。如工程决算不能及时完成，应在工程竣工验收后限期补报。

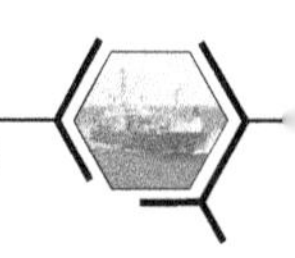

2. 竣工验收的组织

竣工验收根据不同的建设规模、验收阶段和隶属关系由相应的单位有计划地组织实施。

（1）大中型工程建设项目的初步验收和小型项目的竣工验收，由建设单位的上一级工程主管部门组织进行。

（2）小型项目的初验和零星工程的竣工验收由建设单位组织有关部门进行，上一级工程部门派人参加。

（3）大型建设项目的正式验收，由各大单位的工程主管部门组织实施，总部派人参加。

（4）中型建设项目的正式验收，由各大单位的工程主管部门组织实施或委托有关部门组织实施，总部可视情派人参加。

其中，大、中、小型工程建设项目和零星工程的划分标准，依据《部队工程建设管理规定》。

竣工验收除设计、施工、建设、使用等单位参加外，还应邀请同级的财务、物资、环保、审计等业务部门共同组成竣工验收小组。

3. 竣工验收的程序

竣工验收可分为初步验收和正式验收两步进行；零星添建项目，可以不通过初步验收，直接进行正式验收。

（1）初步验收在施工单位、建设单位自验的基础上进行，其主要任务是：

1）听取施工单位的总结汇报。

2）审查核对竣工文件、图纸、资料等工程技术档案。

3）对工程质量进行初步检验评定，合格后，由建设单位会同施工单位向工程质量监督站申报核验认证；对不合格工程应责成施工单位限期补救或返工，并重新报工程质量监督站核验。未经工程质量监督站核验或核验不合格的工程，不得申请正式验收。

4）对验收当中出现的争议或纠纷提出解决办法。

5）编制初步验收报告并向上一级单位申请正式验收。

（2）正式验收在初步验收的基础上进行。正式验收工作的基本内容是：

1）审阅初验报告，并听取建设单位对建设情况的汇报。

2）查看竣工现场及主要设备运转情况，复验、鉴定工程质量等级。并对设计水平、工程质量和军事经济效益、环境效益等做出评价。

3）审查、核对竣工文件、图纸、资料等工程技术档案。

4）针对验收当中提出的问题，确定处理方案。

5）责成施工、建设、使用等单位办理竣工移交事宜，并签署工程竣工移交证明书，同时拟就工程竣工验收纪要。

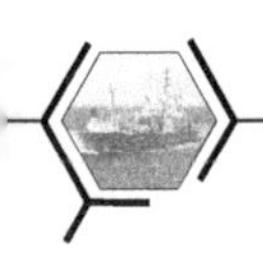

6）提交工程正式验收报告，经认可后，归档存查。

4. 竣工验收的方式

竣工验收一般分为单项工程验收和全部验收两种：

(1）单项工程验收，是指在一个总体建设项目中，一个单项工程已按设计要求建设完成，具备使用要求（条件），即可组织验收，并填报单项工程竣工验收书。

(2）全部验收，是指整个建设项目已按设计要求全部建设完成，并符合竣工验收标准时，即应按本规定组织验收。对已通过验收的单项工程，可以不再办理验收手续，但应将单项工程验收书作为全部工程验收的附件而加以说明，并填写建设项目竣工验收书。

竣工验收中的争议和纠纷，验收小组未能解决时，应报请有关部门进行裁决、处理。遗留问题和收尾项目（应尽量避免），应遵照验收小组的决定按设计规定的内容交由施工或建设单位限期包干建成，所需经费在工程费中预留，竣工后经工程主管部门组织验收合格，并由工程质量监督部门核验后，方可交付使用。

7.5 工程验收相关资料

工程验收的相关资料包括竣工报告、竣工技术文件资料和竣工移交证书。

7.5.1 竣工报告

竣工报告应包含以下内容：

1. 建设依据

上级工程主管部门批准的工程建设计划、设计文件、下达的建设投资和审核的工程概算总额（包括修正概算），批准的开、竣工时间，批准的建设规模及运行能力，与地方政府及有关单位签订的合同协议。

2. 工程概况

工程前期工作及实施情况，设计、施工、建设监理、质量监督等情况，各单项工程的开工及竣工日期（工期提前或延迟时，应当详细说明原因），完成工程量及形成的运行能力（工程量和运行能力与设计有出入时，应当详细说明原因）等。

3. 初步验收情况

初步验收时间、初步验收测试结果和初步验收的简要结论。

4. 试运行情况

试运行时间、业务加载情况、出现问题处理情况，以及试运行的简要结论。

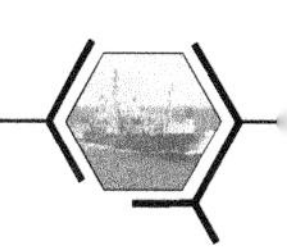

5. 决算情况

预算执行情况、工程决算情况。

6. 工程档案整理情况

主要包括工程档案的内容、整理情况以及对档案的评估分析。

7. 质量与效益分析

工程质量的分析，施工中发生的重大质量问题处理后的情况说明，采用新技术、新设备、新材料、新工艺所获得的效益，工程军事效益分析。

8. 运行准备及建议

维护人员配备情况，工具仪表备件配备情况，人员培训情况以及对工程运行的建议等。

9. 工程建设经验、教训及建议

对工程建设的全过程进行分析，总结经验、教训，提出有关建议。

10. 其他需要说明的问题

上述几方面内容之外需要说明的其他问题。

7.5.2　竣工技术文件资料

海缆线路工程完工后，施工单位应及时编制竣工技术文件资料，包括：

(1) 光缆路由海洋调查资料。

(2) 按工程设计要求提供复杂地段的海下录像资料。

(3) 敷埋设路由总图。

(4) 敷埋设位置图/路由位置表。

(5) 敷埋设断面图，包括水深、埋设深度、埋设张力曲线图。

(6) 登陆段光缆路由图。

(7) 各类型光缆敷设长度及海域位置图。

(8) 陆上部分光缆路由图。

(9) 光缆敷设记录表。

(10) 光缆结构、性能及海底接头盒和海底光中继器的规格。

海缆线路工程完工后，施工单位应及时编制工程相关文件，其包括：

(1) 工程说明。

(2) 安装工程量总表。

(3) 已安装设备明细表。

(4) 工程、设计变更单。

(5) 开工/完工报告。

(6) 停（复）工报告。

(7) 重大工程质量事故报告。

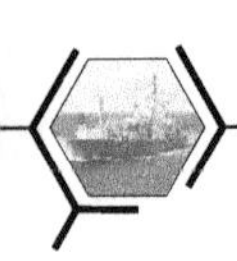

(8) 随工检查记录（隐蔽工程检验签证）。

(9) 阶段验收报告。

(10) 验收证书。

(11) 竣工测试记录。

(12) 竣工图纸。

(13) 洽商记录。

(14) 备考表。

(15) 交接书。

海缆竣工测试记录应满足以下要求：

(1) 竣工测试记录应清楚、完整、数据准确。

(2) 竣工测试记录应包括线路光纤衰减等，格式参见附录 A。

竣工图应满足以下要求：

(1) 竣工图绘制应符合施工图设计的绘制要求。海底光缆路由图应能反映敷设方式、地形、地貌和障碍物等，图纸上应标明距离、海底光缆长度、路由起点、终点、转向点、接续点、中继器、放大器位置的准确经纬度。

(2) 所有竣工图纸均应加盖“竣工图章”。竣工图章的基本内容应包括：“竣工图”字样、施工单位、编制人、审核人、编制日期、监理单位、监理人等。

7.6 工程竣工验收备案

部队工程建设实行工程竣工验收备案制度。未经备案的工程不得投入使用。工程质量监督机构为工程建设主管部门授权的工程建设竣工验收备案管理部门。

工程竣工验收备案按下列程序进行：

1. 工程竣工验收合格后

15 日内，建设单位向工程竣工验收备案管理部门报送的下列竣工验收备案文件：

(1) 部队工程建设竣工验收备案表。

(2) 工程竣工验收报告。

(3) 工程施工许可证。

(4) 施工图设计文件审查意见。

(5) 单位工程质量综合验收文件。

(6) 规划、环保等部门出具的认可文件或者准许使用文件。

(7) 施工单位签署的工程质量保修书。

(8) 法规、规章规定必须提供的其他文件。

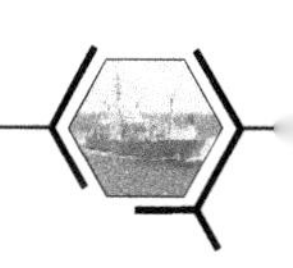

2. 备案管理部门根据工程质量监督机构签署的工程质量监督报告

对建设单位报送的竣工验收备案文件进行审查。符合条件的，给予办理备案手续。工程竣工验收备案表一式二份，一份由备案管理部门存档，一份由建设单位保存。

3. 经审查不符合条件的

如工程质量不合格、不符合验收程序或者文件不全等不符合备案管理规定的，不予备案。责令限期改正，达到要求后，重新申请备案。

7.7　组织工程技术总结和评比

海缆工程竣工验收移交后，建设单位组织施工单位进行工程技术总结工作。对整个工程的计划管理、勘察设计管理、物资采购管理、施工管理、验收管理、质量管理、造价管理、财务管理等所有环节进行归纳和分析，将每个阶段中做得好的地方作为项目经验进行总结提炼，对做得不足的地方分析原因并进一步整改。

其中，针对部队信息通信工程，实行综合效能评估制度。评估标准由全军信息通信工程建设主管部门制定；组织工程建设项目综合效能评估，必须全面、准确地反映工程建设项目计划的执行情况，及时纠正发现的问题。

同时，组织信息通信行业或者部队相关部门进行技术评比，按照各项评价指标由行业领域专家进行打分，评选出一、二、三等奖。

7.8　做好保修期的管理维护工作

施工单位在向建设单位提交工程竣工报告时，应当同时出具质量保修书，明确建设工程的保修范围、保修期限和保修责任等内容，并在保修期内定期回访用户。在保修阶段的施工中，对工程修补、修复的要求应与施工阶段的要求相一致。

建设工程自竣工验收合格之日起，在正常使用条件下，最低保修期限为：

（1）各类工程的地基基础工程和主体结构工程，为设计文件规定该工程的合理使用年限。

（2）防水、防渗漏工程为 5 年。

（3）供热与供冷系统，为 2 个采暖期、供冷期。

（4）电气管线、给排水管道、设备安装和装修工程为 2 年。

其他项目的保修期限由建设单位与施工单位约定。

建设工程在保修范围和保修期限内发生质量问题的，施工单位应当按照保修

合同履行保修义务，施工单位应依据监理单位提出的工程质量缺陷进行检查和记录，并按要求在规定时间内完成整改。

工程保修费用由质量缺陷的责任方承担，并对造成的损失承担赔偿责任。对非施工单位原因造成的工程质量缺陷，应由施工单位报送监理单位核实。

保修金预留、返还方式及保修金预留比例、期限等内容，建设单位与施工单位应当在合同中约定。

保修金一般按照工程总价款的5%预留，期限一般为2年，自竣工验收合格之日起计算。

第 8 章 海缆线路工程中的路由勘查规范及要求

8.1 海缆工程的路由勘查流程及原则

勘察应按照路由预选、勘察设计书编制、船只及设备准备、海上勘察、实验室测试分析、数据资料处理解释、图件及报告编制、成果评审及验收、资料归档等程序进行。

海上勘察应先对预选路由进行粗测，发现非预见的不适合海底光缆敷设的特殊或灾害性地质的路由，应停止勘察，确定是否调整或改选。调整或改选后的路由作为勘察路由，并按要求进行勘察。

8.2 海缆工程的路由勘查规范及要求

8.2.1 勘察范围

范围应按下列要求：

（1）海底光缆路由勘察在沿路由中心线两侧一定宽度的走廊带内进行。走廊带的宽度在登陆段和近岸段一般为500m，在浅海段一般为500~1000m，在深海段一般为水深的2~3倍。

（2）登陆段的勘察走廊带一般从登陆点向陆地方向延伸至100m；对于不登陆的海上路由段的勘察走廊带一般从海上路由端点向外延伸至500m。

（3）海底光缆分支器点的勘察在以其为中心的一定范围内进行，在浅海段勘察范围一般为1000m×1000m；在深海段勘察范围一般为三倍水深宽的方形区域。

（4）路由与已建海底电缆管道交越点的勘察，近岸段和浅海段一般在以交越点为中心的500m方形范围内进行，深海段一般在以交越点为中心的水深的二

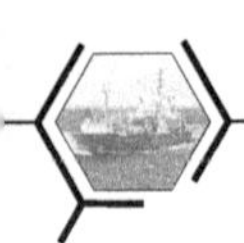

倍的方形范围内进行。

(5) 不同船只勘察区段交接处的重叠调查范围，在浅海段一般为500m，深海段一般为1000m。

8.2.2 勘察的一般要求

(1) 勘察船只、设备要求。路由勘察船只、设备应满足如下要求：

1) 近岸段、浅海段勘察作业船应能适应三级海况（波高小于1.25m、相应风级小于五级）条件下作业，深海段勘察船应能适应四级海况（波高不大于2.0m、相应风级不大于六级）条件下作业。

2) 勘察作业船机电、通信、导航、消防和救生等设备应工作正常，能保持5kn以下低速航行，能满足路由调查对供电、导航、通信、设备安装与收放等方面的要求。

3) 勘察仪器设备的技术指标应满足勘察项目的要求，应在检定、校准有效期内使用，并处于正常工作状态；无法在室内检定、校准的仪器设备，应与传统仪器设备进行现场比对，考察其有效性；勘察作业前仪器设备应进行联调试验和校准。

(2) 勘察作业要求。勘察作业人员应保证获取数据的准确性，要求：

1) 使用几种仪器同步作业时，应统一定位时间和测线、测点编号。因故测量中断或同一测线分次作业，应按同一方法进行补测，并重叠三个定位点以上。

2) 作业值班人员应遵守值班和交接班制度，做好班报记录，班报记录内容和格式参见GB/T 12763.10—2007附录B。班报由值班员填写，交接班时由接班人核验，确保内容完整可靠。

3) 作业值班人员应实时记录观测的特殊事件，如过往船只尾流、渔网、电缆管道、礁石、疑似海底障碍物、设备收放以及勘察作业船急转弯、停船等。

4) 作业人员应及时记录观测到的与路由勘察相关的海上交通、渔业捕捞等海洋开发活动情况。

5) 海上作业采集和观测到的各类原始资料、记录、样品等应给予唯一性标识。

(3) 质量控制。路由勘察应在确保人员、设备安全的前提下，保证勘察质量，要求：

1) 勘察单位应具备有效的工程勘察资质和质量体系认证；勘察技术人员应具有有效的、与勘察项目相符的上岗资质证书，并能胜任相应的勘察岗位工作。

2) 勘察单位应对勘察设计书的编制，人力和设备资源配备，外业调查实施、内业图文及理化分析资料整理，勘察报告编写，数据资料汇总和归档等过程实施全程质量管理。

3）对海上获取的样品、原始资料进行现场质量检查、验收；对未达到技术要求的勘察工作，应进行补测或重测；对样品的分析、测试和资料的处理结果进行质量检查。

8.2.3　勘察设计书编制

勘察设计书的主要内容包括：

（1）勘察目的、任务、依据及工作范围。

（2）勘察内容、工作量及主要技术要求。

（3）勘察船只和主要调查仪器设备及技术性能。

（4）技术实施方案。

（5）人员组织、工作进度及质量控制。

（6）预期成果。

（7）健康安全与环境保护措施。

（8）风险评估及预案。

8.2.4　登陆段调查勘察内容和技术要求

勘察内容和技术要求如下：

（1）登陆点的平面位置测量准确度应达到分米级要求；高程测定精度应达到四等水准要求。

（2）对登陆段陆域进行地形、地物测量，对重要地物进行照相。勘察走廊带以外的地形、地物可从已有的大比例尺图件转绘。

（3）平行路由布设3~5条测线，对潮间带进行地形测量、地貌调查、底质采样，描述底质类型及其分布，分析岸滩冲淤动态。

（4）登陆段侧扫声呐探测、浅地层剖面仪探测、底质调查按下列要求进行，水深地形测量按GB 17501—2017中第10章的要求：

1）登陆段应选用浅水型侧扫声呐，路由勘查走廊带应100%覆盖，相邻两个测线的扫描重叠率不少于20%，拖鱼距海底的高度应控制在扫描量的10%~20%。

2）登陆段的浅底层剖面探测分辨率应优于0.3m，深度应不小于10m，记录的剖面图像应清晰，没有强噪声干扰和图像模糊、间断等现象。

3）底质调查包括柱状取样和表层取样。柱状取样长度：黏土地质应不小于2m，硬地质应不小于0.5m。表层取样量不小于1kg。

（5）无法进行侧扫声呐和浅地层剖面仪探测的浅水区、潮间带和岸上区可进行人工潜水探摸、水下摄像、插钎试验或开挖，探测其沉积物及厚度，探测深度应不小于1.5m。

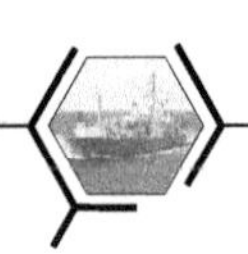

8.2.5 路由预选

路由预选一般按照资料收集、踏勘、路由预选研究论证、路由预选报告编写、评审等程序进行导航定位。定位中误差应符合下列要求：

（1）当测图比例尺 1/1000～1/5000 时，海上定位中误差应不大于图上 ±1.0mm。

（2）测图比例尺 1/10000～1/50000 时，海上定位中误差应不大于图上 ±0.5mm。

8.2.6 工程地球物理勘察

工程地球物理勘察应包括水深测量、侧扫声呐探测、浅地层剖面探测、电磁探测。对不要求海底光缆埋设的深海区，可只进行全覆盖、多波束水深测量。

8.2.7 底质取样

要求埋设的海底光缆路由采用柱状取样或 CPT，不要求埋设的海底光缆路由采用表层取样，深海段一般不取样。柱状取样可使用重力取样器或振动取样器；表层取样可使用蚌式取样器或箱式取样器。

8.2.8 工程地质试验

工程地质试验包括现场测试和原位试验。现场测试根据需要进行小型贯入仪试验和小型十字板剪切试验，原位试验根据需要进行静力触探试验（CPT）。

8.2.9 路由区稳定性分析与评价

路由区稳定性分析与评价主要包括海岸和海底冲淤变化分析和地震地质灾害分析与评价。

8.2.10 海洋水文气象资料收集与观测

（1）水文资料收集与分析要求如下：

1）收集路由区波浪资料，指出全年中较好和较差海况周期。

2）分析路由区的潮汐性质和各类潮水位的关系，确定两登陆端高潮、低潮、高高潮、低低潮平均潮汐间隙和平均潮高，潮位站观测按 GB/T 12763.2—2007 中第 9 章的要求。

3）应收集路由区以往实测资料，或用预报海流资料，分析确定路由区最大涨落潮流速、平均大潮流速、平均小潮流速、最大可能潮流速和主流向，海流观测按 GB/T 12763.2—2007 中第 7 章的要求。

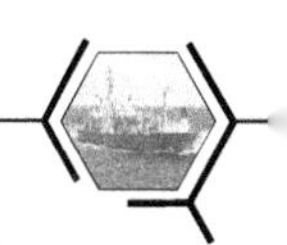

4）应收集路由区已有的水温观测资料，分析确定路由区底层和表层水温；对有中继海底光缆路由，必要时可设站观测，水温观测按 GB/T 12763.2—2007 中第 5 章的要求。

5）收集路由区已有的海冰观测资料，分析确定路由区内海冰周期。

（2）水文资料收集与分析要求如下：

1）收集整理路由区风况资料。资料内容应包括多年各月各向风频率，平均风速和最大风速（海面以上 10m 处）及多年各月大风日数，台风的生成期、路径及数量。指出全年中较好和较差的气候窗口。

2）降水与雷暴。收集整理路由区降水及雷暴资料，资料内容应包括年平均降水量、降水日数及强度、降水量年变化，两登陆端年平均雷暴日数。

3）气温。收集整理路由区气温资料，资料内容应包括多年各月极端最高、最低及平均气温。

4）雾。收集路由区雾天资料，资料内容应包括多年各月平均雾日数。

8.2.11　成果报告编制及资料归档要求

（1）成果报告编制前应按 GB/T 12763.11—2007 中 8.2 的要求和内容进行资料汇编，应包括以下内容：

1）概况。内容应包括任务来源、勘察依据、勘察范围及内容、主要工作量。

2）路由工程地质条件。

3）路由稳定性评价。

4）海洋水文气象要素。

5）海底腐蚀性环境参数。

6）海洋规划与开发活动。

7）海底光缆工程对海洋环境影响简要分析。

8）海底光缆工程对通航安全的影响分析。

9）项目用海的合理性分析。

10）路由条件综合评价。

（2）资料归档范围应包括：

1）任务合同书（含技术要求）、委托书、保密协议书、勘察许可证书及其他往来文件。

2）路由预选报告及评审记录。

3）勘察设计书。

4）各种载体的重要原始记录、原始资料、图纸、图片及汇编资料，过程处理数据，如水深测量过程数据，包含潮汐、声速、吃水改正及各种误差处理

过程。

5）阶段性调查成果及其验收记录。

6）勘察报告最终原稿（电子文稿）。

7）勘察报告审核及评审记录。

（3）归档应按下列要求：

1）应对勘察过程中形成的所有文字记录等材料整理立卷，并审核签字，经档案管理部门审查符合相关规定后归档。

2）归档文件应格式统一、字迹工整、图样清晰、装订牢固、签字手续完备。

3）归档资料应按保密规定划分密级和期限，按部队保密规定妥善保管。勘察实施过程中所形成的重要文件、材料、调查计划、原始记录、原始资料、汇编资料、图集图件、报告、规范性作业文件、追溯性记录等均应永久保管。

4）电子文件材料应注明技术环境条件、相关软件版本、数据类型格式、操作数据、检测数据及备份要求等。

第 9 章 海缆工程中的设计规范及要求

9.1 海缆工程的设计流程及原则

工程设计应遵守相关法律法规，合理利用海洋资源，重视海洋环境保护，与相关海区功能区划、相关规划相一致。

在城镇、海岛以及路权资源受到限制的地区，新建、扩建和改建通信基础设施时，应遵循统筹规划、联合建设、资源共用的原则。

工程设计应保证通信网整体通信质量，技术先进、经济合理、安全可靠。设计中应进行多方案比较，提高经济效益、降低工程造价。

工程设计应与部队信息化发展规划相结合。建设方案、技术方案、设备选型应以网络发展规划为依据，充分考虑远期发展的可能性。

工程设计中采用的通信设备、器材应是具有国防通信网入网许可证或经通信和指挥自动化军工产品定型委员会设计定型的产品。

工程设计应满足设计任务书的要求。

9.2 海缆工程的设计规范及要求

1. 工程设计前路由勘察要求

海洋路由勘察应按 8.2 节要求进行海底水深地形、海底面状况以及海底障碍物、海底浅地层结构及物理力学性质、海底灾害地质因素、海洋水文气象动力环境、腐蚀性环境参数、海洋规划和开发活动等方面的勘测和调查，进行路由条件综合评价，推荐路由，并进行登陆点位置及登陆段路由选择。

2. 海底光缆海上路由设计要求

海底光缆海上路由应尽量减少与其他海底光缆或管线的交越。如需交越时，

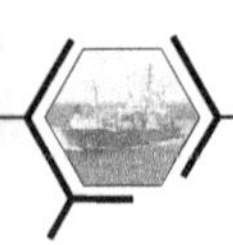

与海底油气管线交越时宜垂直交越，其他管线交越时的角度应不小于60°，交越点距离海底中继器或海底分支单元不应小于三倍水深。交越点垂直距离按工程具体情况设计，最少不小于0.3m。

海底光缆海上路由应避免接近其他海底光缆。若与其他海底光缆路由平行时，平行间距在近岸段宽阔海域不宜小于500m，在浅海段不宜小于1000m，在深海段不宜小于水深的三倍。

路由选择应充分考虑海洋功能规划以及其他相关部门现有和规划中的各种建设项目的影响。

3. 海底光缆和海底设备设计要求

海底光缆和海底设备选择应符合系统要求，除非另有规定，海底光缆应符合GJB 4489的规定，海底光缆接头盒应符合GJB 5652的规定。

4. 设计报告编制及资料归档要求

（1）设计报告编制要求

编制前应按工程任务书、前期调研和勘察单位提交的勘察报告内容进行资料汇编。

海底光缆线路工程设计应根据工程规模一般分两阶段设计，即初步设计和施工图设计。技术程度复杂的工程宜增加技术设计部分。

初步设计报告可不分册，分为设计说明、工程概算及图纸三部分。施工图设计报告分为设计说明、工程预算及图纸三部分，每个单位工程应独立分册。设计说明应包括以下内容：

1）概述。内容应包括设计依据、工程概况、设计范围及分工、设计文件分册、主要工程量、海底光缆工程订货长度及配盘方案。

2）海底光缆路由选择内容应包括登陆点、登陆点至终端站、海上路由选择方案；路由海区海洋环境，内容应包括区域地质、海洋气象与气候、海洋水文、海洋生物、海洋开发及施工最佳时间；工程适用的海底光缆、接头盒、海底设备的主要性能及检测要求。

3）海底光缆敷设施工要求、工程验收及维护、其他说明。初步设计、施工图设计成果报告图纸根据工程需要绘制。

（2）资料归档要求

归档范围包括：任务合同书（含技术要求）、委托书、保密协议书及其他往来文件、设计文件及审查报告、成果报奖记录、获奖记录、成果应用记录。

归档应按下列要求：应对设计过程中形成的所有文字记录等材料整理立卷，并审核签字，经档案管理部门审查符合相关规定后归档；归档文件应格式统一、

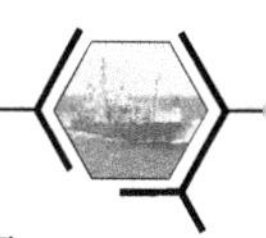

字迹工整、图样清晰、装订牢固、签字手续完备；归档资料应按保密规定划分密级，按保密规定妥善保管。实施过程中所形成的重要文件、材料、调查计划、原始记录、原始资料、汇编资料、图集图件、报告、规范性作业文件、追溯性记录等均应永久保管；电子文件材料应注明技术环境条件、相关软件版本、数据类型格式、操作数据、检测数据及备份要求等。

第 10 章

海缆线路工程中的施工规范及要求

10.1　海缆工程的施工流程及原则

海缆工程的施工流程包括三个阶段：

1. 施工准备阶段

在海缆工程施工前，对承建单位编制的施工组织设计，进行开工报审，并进行第一次工作会议。

2. 施工阶段

海缆工程使用的海底光缆进行装载运输，对施工海区进行清扫，保证海底光缆线路与其他建筑物及管线的间距符合规范要求，海缆登陆施工分为始端登陆和终端登陆，登陆点情况困难复杂的宜选为始端登陆点，海缆登陆应根据海区的气象、潮汐、潮流选择有利时机进行。可采用浮球或人工牵引登陆，也可采用登陆艇等平底船配合直接布放近岸段海底光缆登陆。

海底光缆线路的敷设方式，根据工程设计要求和海底光缆需要保护的程度及水深、海底底质、地貌、海洋开发活动等情况确定，通常采用埋设或铺设两种方式，其中埋设施工因所用设备不同又分为“直接埋设”和“先铺后埋”。海底光缆接续分为海-海接续和海-陆接续，海-海接续可在工厂或海上进行，海-陆接续在海上和陆上光缆敷设完毕后进行。

在海缆施工过程中，要做好线路测试工作，以及线路保护、人井（水线房）建设、标志牌和标石的安装，线路防护也需要做好。

3. 施工结束后阶段

施工结束后，要做好余缆存放工作，在工程保修期内，承建单位应依据工程建设合同约定的工程质保期的时间、范围和内容开展保修工作，同时做好施工资料的整理工作。

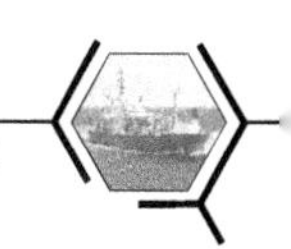

10.2　海缆工程的施工规范及要求

10.2.1　施工准备阶段

（1）应编制施工组织设计

施工单位应编制施工组织设计，包括健全的安全、质量、进度管理体系，保证措施切实可靠、有针对性，安全、环保、消防和文明施工措施完善合理。具体内容应包括：

1）工程概况、方案编制依据、工程规模、主要工程量、预期工程质量和工期等。

2）施工组织部署。

3）详细的施工进度计划表。

4）施工作业船及专用设备性能、工具器材及仪器仪表、路由地质条件、水文气象条件、航海通告等。

5）施工方案。包括设备器材准备方案、训练和试验方案、海缆装运方案、扫海方案、试埋设方案、登陆方案（含两端就位点位置）、埋设（敷设）方案、特殊区段保护处理方案、张力控制表、余量控制表、作业部署表、测试方案、通信联络方案、气象保障方案、竣工资料编制方案等。

6）质量保证、海洋环境保护、人员设备安全措施及应急预案。

施工组织设计应选用成熟的、先进的施工技术，满足工程质量、安全和进度要求。施工组织设计中的质量、进度目标应与施工合同一致。

（2）开工报审

工程开工前，施工单位应向监理单位提交开工申请文件，一般包括：工程开工/复工报审表、施工组织设计（方案）报审文件、路由复核结果、施工许可证、专职管理人员和特种作业人员的资格证书和上岗证。

施工单位应提供拟进场的工程材料、构配件和设备报验表及质量证明文件，并配合监理单位对进场的实物按照合同约定或质量管理文件规定的比例进行抽检，若要在施工中应用新材料，应事先提交对其技术鉴定及有关试验和实际应用报告供审查。

（3）开工会议

工程项目开工前，施工单位应派代表参加由建设单位主持召开的开工会议，并提供书面材料。会议中施工单位应介绍驻现场的组织机构、人员分工以及施工准备情况，还应根据建设单位和监理单位在会议中对施工准备情况提出的意见和要求进行整改。

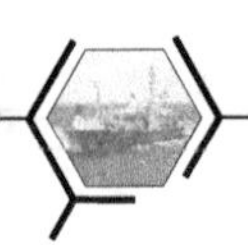

10.2.2 施工阶段

（1）海底光缆装载运输要求

装运前生产单位应对海底光缆的光学性能和电气性能进行测试，确认其相关性能指标符合光缆出厂验收标准要求。施工单位应制定装船计划，并提交相关单位。

装载时海底光缆在缆舱内应盘成圆柱形，其盘放高度应满足海底光缆抗侧压要求，缆盘的最高层距缆舱顶部高度满足退扭要求；盘缆时宜以缆舱锥体为圆心沿顺时针方向由外向内盘绕，内圈最小弯曲半径应大于该海底光缆最小弯曲半径；必要时缆盘层间可用硬聚氯乙烯、木条或毛竹薄片隔开，并标注层号、记录圈数和内外圈长度；各层间的转层引缆排放宜相互错开，保持盘放平整。带接头盒、中继器的海底光缆装船时，宜先装缆后安装接头盒、中继器，连接段较多时，应将计划连接的海底光缆端头在留足接续余量后，捆绑在一起按顺序摆放在规定位置，并设号牌系在海底光缆端头防止相互穿插和接错。

盘放时应将海底光缆端头引至监测室，对海底光缆进行装船过程中的不间断监测，发现问题及时处理。装载完毕后应进行海底光缆性能检查测试，确认相关性能指标满足工程设计要求。遇两段以上需连接时，应在各段经测试符合要求后进行连接作业。

（2）施工清扫海区

海底光缆线路敷设施工前，应对路由海区进行清扫，清扫海区的内容和要求包括：

1）根据工程设计要求和路由勘测资料，用海缆船或其他船只拖带扫海锚对路由两侧至少 50m 范围扫海，清除路由上废弃线、缆和障碍物。

2）了解路由海底地质及海面渔网、水产养殖等情况并及时作好定位和记录。

（3）与管线及其他建筑物间距

海底光缆线路与其他建筑物及管线间距应符合如下要求：

1）与其他管线平行时，两者最小间距海上应不小于 800m，港内应不小于 100m，特殊海域可按实际情况由工程设计要求确定。

2）与其他管线交越时，海上交越点垂直距离应不小于 0.3m 或按工程设计要求。

（4）登陆施工

海底光缆登陆施工分为始端登陆和终端登陆，登陆点情况困难复杂的宜选为始端登陆点。

海底光缆的登陆作业应根据海区的气象、潮汐、潮流选择合适的时间段施

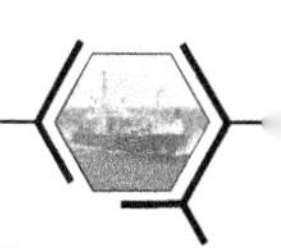

工。可采用浮球或牵引登陆，也可采用登陆艇等平底船配合直接布放近岸段海底光缆登陆。

海底光缆的登陆作业应沿设计路由进行，布放过程应尽量走直线，严禁海底光缆打圈扭结。

海底光缆所受张力应不大于其工作拉伸负荷，瞬间最大张力应不大于其短暂拉伸负荷，海底光缆的弯曲半径应不小于其最小弯曲半径。

登陆过程中应对海底光缆性能进行监测并记录，随时掌握海底光缆质量状况，发现问题及时处理。

准确标绘记录海底光缆登陆段敷设位置，提供登陆段海底光缆位置图及其说明。

（5）敷设工艺选择

海底光缆线路的敷设工艺，根据工程设计要求和海底光缆需要保护的程度及水深、海底底质、地貌、海洋开发活动等情况确定，通常采用埋设或表面敷设两种方式，其中埋设施工因所用设备不同又分为“直接埋设”和“先敷后埋”，施工中宜采用直接埋设的方式。

水深在500m以内适合埋设作业的海区均宜采用埋设方式，水深大于500m或不宜埋设的海域可采用表面敷设方式。

（6）埋设深度

200m以浅海底光缆埋设深度不宜小于3.0m，200~500m以浅海底光缆埋设深度不宜小于1.5m，航道、锚区等易造成海缆光缆损伤海区，埋设深度不宜小于5m。

近岸靠近低潮线海区海底光缆埋设深度一般应不小于1.5m，特殊情况根据工程设计要求确定。

登陆滩地海底光缆埋设深度视地质情况而定，一般土质地段应不小于1.5m，半石质地段应不小于1.0m，全石质地段应不小于0.8m。

不具备埋设条件时，应采用加装保护套管或填埋、被覆等保护措施。

（7）埋设施工

海底光缆线路埋设应沿设计路由进行，实际埋设路由与设计路由中心线偏差应不超过50m或工程设计要求值，不应超越扫海清障区域埋设。

埋设的区域在埋设施工前宜使用埋设犁进行试拖。

张力控制以“海底光缆水中重量乘以海底光缆落地点的水深加2kN”为参考，埋设过程中海底光缆所受张力应不大于其工作拉伸负荷，所受瞬间张力应不大于其短暂拉伸负荷，海底光缆的弯曲半径应不小于其最小弯曲半径。

埋设过程中准确标绘记录海底光缆、接头盒、中继器的埋设位置和埋设深度及所受张力等数据，应对海底光缆纤芯逐根进行监测并记录，记录表格参见附录

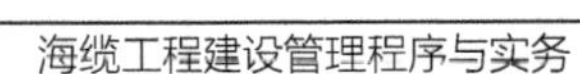

表 A.1，随时掌握质量状况，发现问题及时处理。

埋设后的海底光缆传输性能必须符合相应产品规范和系统设计要求，埋设后提供海底光缆埋设位置图及其说明。

（8）表面敷设施工

海底光缆表面敷设应沿设计路由进行，实际表面敷设路由与设计路由中心线偏差不应超过 100m 或工程设计要求值，不得超越扫海清障区域表面敷设。

施工前根据设计给出的余量要求及海底地形、敷设船速、海底光缆水动力常数，对路由各段进行表面敷设余量控制计算；表面敷设余量控制以海底光缆不在海底悬空为原则确定，具体按工程设计要求实施；表面敷设的海底光缆应随海底地形变化平铺于海床，不应悬空、堆积，严禁扭结。

表面敷设过程中海底光缆所受张力应不大于其工作拉伸负荷，所受瞬间张力应不大于其短暂拉伸负荷，海底光缆的弯曲半径应不小于其最小弯曲半径。

表面敷设过程应对海底光缆性能进行监测并记录，监测记录表格参见附录表 A.1～表 A.2，随时掌握海底光缆质量状况，发现问题及时处理，表面敷设过程中必须准确标绘记录海底光缆、接头盒、中继器的表面敷设位置及所受张力等数据。

表面敷设后的海底光缆传输性能必须符合相应产品规范和系统设计要求，敷设后提供海底光缆表面敷设后的位置图及其说明。

（9）接续作业

海底光缆接续分为海底光缆与海底光缆（以下简称海-海）接续和海底光缆与陆地光缆（以下简称海-陆）接续，海上部分接续应使用海-海接头盒，海陆缆接续应使用海-陆接头盒。

接续应在清洁环境下进行，检查、清洁光缆的连接部位、工具和材料，接续人员必须经过上岗培训并具有相应资格证书，接续前应检测两段光缆的光纤衰减特性、导体的绝缘性能，确认各项指标合格后方可接续。

缆芯的连接、金属导线的直流电阻、绝缘电阻应符合工程设计要求，铠装的连接应视海底光缆和接头盒的结构按工程设计要求进行。

有中继海缆的接头盒在接续完成后，应进行绝缘、耐高电压检测，宜用 X 光检查、氦气检漏等方式。接头盒安装完毕，应测试检查接头损耗并记录，接头的平均损耗必须达到系统设计要求，发现不合格时必须返工。

（10）施工测试

在海底光缆线路工程施工的各个阶段均应对海底光缆的光学性能和电气性能进行测试，并详细记录，所测各项性能指标均应符合产品规范和系统设计要求。

对装载上船的海底光缆应进行性能检测，包括逐根进行光纤长度、光纤衰减测试、金属导体的直流电阻及对地绝缘电阻的测试。

线路接续过程中应进行接续损耗现场监测，在光纤接续的同时用光时域反射计（OTDR）直接监测接头损耗情况，确保每根光纤的接头损耗满足系统设计要求。

线路敷设连通后应进行全线性能检测，测试各条光纤的连接损耗、总损耗，测试并存储中继段光纤后向散射信号曲线，测试金属导体的对地绝缘电阻等。

（11）线路保护

1）海底光缆线路一般情况应通过加强铠装或加大海底光缆埋设深度等进行加固，在特殊海域（如海底底质为石质）不能埋设时，宜采取在海底光缆外安装关节对剖式铸铁套管、耐磨高强保护管、海缆保护垫或增加钢丝铠装护层并加以固定等措施进行加固。

近岸段底质为礁石或基岩时宜先开沟，并对海底光缆安装关节对剖式铸铁套管保护，再覆盖石笼或水泥包封对海底光缆进行被覆，开沟深度应不小于0.8m或根据工程设计具体要求确定。

潮间带段海底光缆应全程安装关节对剖式铸铁套管保护。底质为泥沙质时进行直接埋设，其深度应不小于1.5m或根据工程具体要求确定。底质为礁石或混凝土构筑物等不宜开沟之处时，应先对海底光缆安装关节对剖式铸铁套管保护，然后再用混凝土对其进行被覆。岸上段的保护要求应符合YD5102—2010　6.2的规定。海底光缆需穿越海堤时，应按施工图设计要求进行保护。

在海底光缆线路工程的施工过程中，不允许开挖的场所，可采用非开挖方式保护。

如需要与其他管线进行交越施工时，应先与其业主单位签订协议，按照协议进行施工，做好交越点的保护。

2）防雷保护

海底光缆内金属导体与陆地光缆导体的连接应符合工程设计文件的规定；易遭雷击的海底光缆陆埋地段应布放排流线，具体要求应符合YD5102—2010　8.3.1的规定。按工程设计要求采取相应防强电保护防护措施。

在选择海底光缆路由时，应避开海水硫化物含量大于100mg/kg的海区；陆埋海底光缆在通过腐蚀性较大的地区时，应采用防腐海底光缆或在海底光缆上采取相应措施加以保护。

人井建设、标志牌安装、标石安装安装应符合施工设计文件要求。

10.2.3　余缆存放

施工结束后，施工单位应将剩余的海底光缆移交给建设单位存放，并提供书面材料，建设单位、监理单位、施工单位三方签字确认。余缆可盘放在缆池内或盘在仓库内。

10.2.4 保修工作

在工程保修期内，施工单位应依据工程建设合同约定的工程质保期的时间、范围和内容开展工作。

在保修阶段的施工中，对工程修补、修复的要求应与施工阶段的要求相一致。

10.2.5 故障维修

海底光缆的故障点定位应采用光、电、磁等结合的方式对故障点进行精确定位。根据故障点定位结果并结合施工海域底质、天气情况，采取适当打捞方式，具体方式以尽量保护未受损海底光缆为原则。

打捞地点的选定以有利于保护施工、节省备缆为原则，海底光缆未断开的，离开故障点距离宜在三倍水深左右；海底光缆完全断开的，离开故障点距离宜在五倍水深左右。修复段海底光缆应采取保护措施，埋设保护方式的埋设深度应不小于1.5m；故障点位置附近海域为礁石等不宜埋设的底质，可采用压盖石笼等方式进行保护。

10.2.6 施工资料

(1) 施工资料的内容

施工前应提交的资料内容包括：施工安全技术交底、施工组织设计审批表、施工许可证、工程器材产品合格证、工程材料、构配件、设备的质量证明文件、外购软件的版权证明材料、航次会议交底签到单、开工报告等。

施工中应提交的资料内容包括：施工日志、施工周（月）报、海底光缆线路工程测试记录（包括装船、施工前、始端登陆、施工过程中监测、终端登陆、工程验收时进行的所有测试记录）、与建设单位、监理单位往来文书、隐蔽工程验收记录。

施工结束后应提交的资料内容包括：竣工路由图、路由保护示意图、海底光缆埋设记录表、完工报告、工程完工验收单、建筑安装工程量总表、工程竣工图纸。

(2) 施工资料的管理

施工资料应及时整理归档、真实完整、分类有序，应由项目经理负责，并指定专人管理。施工资料的编制及保存应按有关规定执行。施工资料一式多份移交给建设单位和监理单位。

第 11 章 海缆工程中的验收规范及要求

11.1 海缆工程的验收流程及原则

海缆工程的验收流程包括 4 个阶段：

（1）随工检验：施工进程中，对工程质量进行的检验评议。

（2）工程初验：在施工完毕并经自验及工程监理单位同意后，在试运行之前，对工程质量进行初步的检验评议。

（3）工程试运行：工程经初验合格后，在正式运行之前，对工程项目进行实际运行测试，以全面考察工程质量。

（4）工程终验：在工程试运行结束后，对工程质量进行最终的检验评议。

海缆工程的验收原则必须满足国家、部队有关工程建设的法律、法规、技术标准、规范和规程等，以及上级部门下达的工程项目文件和建设单位组织会审通过的设计文件要求，同时也得满足工程招投标文件、建设单位与监理单位签订的委托监理合同、建设单位与承建单位签订的施工合同以及其他与工程有关的合同及相关文件。

海缆工程中所用的主要设备、器材必须是具有国家通信网入网许可证或经通信和指挥自动化军工产品定型委员会设计定型的产品。

11.2 海缆工程的验收规范及要求

对海缆工程中的器材（海底光缆、水泥及砂浆袋、保护套管、标石、海底光缆线路放大设备、分支器和接头盒）进行检验，对海底光缆路由、敷设、线路保护与防护、人井、海底光缆接续、海底光缆线路特性、竣工文件等内容进行验收，对海缆线路工程所包含的 4 个阶段进行全过程的检验与验收。

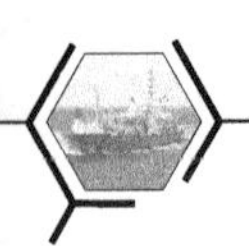

11.2.1 海底光缆路由验收

（1）路由验收的一般要求

海底光缆敷设前应进行路由复测。路由复测时，应核定海底光缆的路由走向、敷设位置，应符合当地的建设规划和地域内文物保护、环境保护和当地民族风俗的要求。

路由及敷设方式应以施工图设计为依据，必要的路由变更，可由施工单位向监理单位提出，经建设单位同意确定；对于偏离路由100m以上的路由变更，设计单位应到场与监理、施工单位协商，建设单位批准，并填写“工程设计变更单”。

海底光缆线路实际敷设路由与设计选定路由偏差不大于100m，或符合工程设计要求。

（2）敷设余量的验收

海中段实际敷设的海底光缆长度与施工图设计的海底光缆长度差值应不超过设计海底光缆长度的1%，登陆段人井及滩头的余量应符合工程设计要求。

（3）埋设深度的验收、登陆点位置和路由的验收、登陆段海底光缆的埋深和保护方式验收指标根据工程设计要求验收。

11.2.2 线路保护与防护的验收

线路保护与防护的验收项目包括：线路标石、监测标石、禁锚牌、宣传标志牌与其他建筑物及管线间距、线路加固的验收，应符合工程设计要求。

11.2.3 人井的验收

验收要求：井盖开启应灵活，人井口圈和井体应连接紧密，人井内部井壁及底板应光滑平整，安装设施应齐全，余缆盘绕应规范，标志牌应齐全，井内应无积水，安装和防护设施应满足工程设计要求。

11.2.4 海底光缆接续的验收

验收要求：光纤接续、加强件的安装、导体、金属护层、接头盒的安装位置应符合工程设计要求；海底光缆型号和规格、纤序、两端光缆的预留长度及绑扎固定应符合操作程序；接头盒封装完毕，应测试检查接头光学性能和电气性能并记录，接头的平均损耗必须达到系统设计要求。

11.2.5 海底光缆线路的验收测试

海底光缆竣工及验收测试应包括下列内容纤序对号；中继段光纤线路衰减系

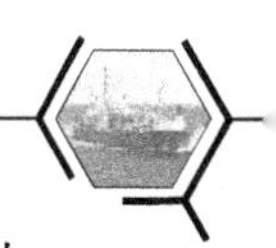

数，中继段光纤通道总衰减；中继段光纤偏振模色散（PMD）；海底光缆线路对地绝缘电阻。测试数值满足工程设计要求。

11.2.6 工程验收

（1）随工验收

海底光缆线路工程在施工过程中应有建设单位委托的代表和监理工程师采取巡视、旁站等方式进行检验。对隐蔽工程项目，应由建设单位代表和监理工程师签署“隐蔽工程检验签证”。

（2）工程初验

海底光缆线路工程的初验，应在施工完毕并经自验及工程监理单位预验合格的基础上，由承建单位向建设单位提出初验申请，建设单位组织设计单位、承建单位、监理单位和维护单位进行工程初验。

初验工作可以按安装工艺、电气特性和财务、物资、档案等小组对工程质量等进行全面检验评议。验收小组审查隐蔽工程签证记录，可对部分隐蔽工程进行抽查。

初验工作应在审查竣工技术文件的基础上按表 11.1 的项目及内容进行检查和抽测。对初验发现的问题提出处理意见，并落实相关责任单位限时解决。初验结束应在工程初验工作完成后半个月内向建设单位报送初验报告，报告样式参见表 11.2。

表 11.1 海底光缆线路工程的验收内容及方式

序号	项目	验收内容及要求	验收方式	备注
1	线路器材	所用各种接头盒（含附件和材料）及水下中继器的外观完整无损，规格数量符合工程设计要求	随工验收	
2	海底光缆装船	a）海底光缆外皮无损伤，端头封装良好。 b）光纤衰减符合工程设计要求。 c）绝缘层内导体对地绝缘电阻符合工程设计要求。 d）装船和盘绕符合装船和盘绕的规定。	随工验收	a）、b）、c）项任一项不符合要求即为不合格
3	海底光缆接续	接续符合 10.1 的规定	随工验收	光缆衰减及绝缘性能任一项不符合要求即为不合格

（续）

序号	项目	验收内容及要求	验收方式	备注
4	海底光缆敷设过程	a）海底光缆的弯曲半径符合工程设计要求。 b）海底光缆承受张力符合工程设计要求。 c）海底光缆、水下接头盒和水下中继器无损坏。 d）海底光缆无堆积、扭结。 e）埋设深度符合工程设计要求。 f）海底光缆光纤衰减及绝缘性能符合工程设计要求。	随工验收	第c）项一项不符合要求即为不合格
5	海底光缆敷设质量	a）海底光缆平卧于海底，无悬空、堆积、打圈、扭结。 b）海底光缆外护层及铠装钢丝无明显损伤。	随工验收与工程初验相结合，工程初验以资料为依据，并组织好检查	全线路有一处扭结即为不合格
6	海底光缆埋深	埋设深度符合工程设计要求。	随工验收与工程初验相结合，工程初验以资料为依据，并组织好检查	
7	海底光缆的敷设余量	敷设余量符合海中段实际敷设的海底光缆长度与施工图设计的长度差值不超过设计海底光缆长度的1%	随工验收	
8	登陆滩地海底光缆加固	符合工程设计要求	随工验收	——
9	防腐措施	海底光缆的防腐符合或工程设计要求	随工验收	
10	线路路由	a）海底光缆线路实际敷设路由与设计选定路由偏差不大于100m，或符合工程设计要求。 b）禁区内局部更改路由时，新路由与禁区线距离不小于200m，港内和非开阔海域不小于50m，或符合工程设计要求。 c）海底光缆线路与航道、锚地、海上石油平台、其他海底管线、水鼓、航标、灯桩、码头等永久性设施距离大于2n mile，在近岸港口附近非开阔水域不小于200m，与管线交越垂直距离大于0.8m，或符合工程设计要求。	随工验收与工程初验相结合，工程初验以资料为依据，并组织好检查	

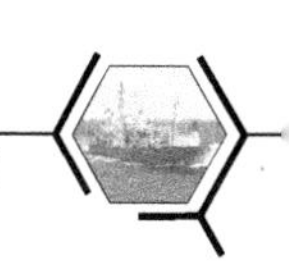

（续）

序号	项目	验收内容及要求	验收方式	备注
11	海底光缆传输性能	a)接头损耗符合工程设计文件规定(竣工时根据测试结果结合光纤衰减检验核实接续损耗)。 b)光纤线路衰减符合工程设计要求。 c)光纤后向散射信号曲线符合工程设计要求。	随工验收、工程初验与工程综验结合	任一项低于设计要求即为不合格
12	海底光缆电性能	a)金属导体直流电阻、对地绝缘电阻等符合工程设计要求。 b)金属套管的对地绝缘电阻符合工程设计要求。	随工验收、工程初验与工程综验结合	绝缘电阻一项低于设计指标即为不合格
13	线路防雷措施	a)登陆段光缆与高耸建筑物及孤立大树之间的防雷净距离符合工程设计要求。 b)防雷装置的连接符合工程设计要求。	随工验收与工程初验结合	
14	标石设置	a)标石的规格、设置和埋设符合工程设计要求。 b)标石的编号明显、规范。 c)标石齐全、无断裂、无明显损坏。	a)项为随工验收,b)、c)项为工程初验。工程初验时应现场检查、核实资料	
15	与其他建筑物及管线间距	海底光缆与其他建筑物及管线间距离符合工程设计要求。	随工验收与工程初验结合	
16	标志牌	a)标志牌的规格、位置、采用的颜色及灯光、文字标志符合工程设计要求,观察范围内效果明显。 b)标志牌安装牢固、安全、可靠。 c)海图上有明显标志。	工程初验与工程综验相结合	有申报文件但海图上没有标志视为合格
17	海底光缆禁区	a)海底光缆线路禁区范围符合工程设计要求。 b)申报和审批文件齐全。 c)军、民用海图上标有明显禁区标志。	工程初验与工程综验相结合	有申报文件,因保密要求海图上没有标志视为合格

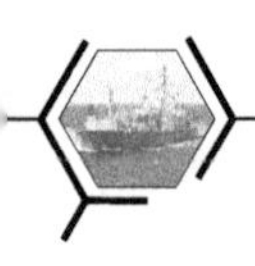

（续）

序号	项目	验收内容及要求	验收方式	备注
18	人井建筑及设备安装	a)房(井)的建筑位置、规格、结构、建筑材料均符合工程设计要求。 b)房(井)地面、四壁、上顶平整,无麻面、蜂窝。 c)预埋件规格位置符合工程设计要求。 d)井体、穿壁管无渗水。 e)房(井)地面高于周围地面。 f)设备规格及型号、走线安装位置符合工程设计要求。 g)设备固定稳固、端正。 h)各种标志准确、清楚、卫生清洁。 i)铁件油漆完好、无锈蚀,固定螺丝涂黄油。 j)保险设备接线正确,焊接牢固、可靠,引接线绝缘大于500MΩ以上。	随工验收与工程初验结合	
19	文件资料	竣工技术文件符合12.1的规定。	工程初验与工程综验相结合	

表11.2 初验记录

隐蔽工程：××××工程

初验时间：____年__月__日

初验单位：__________

编号：01

序号	工程范围	数量	初验情况
1			
2			
3			
4			
5			

(3) 工程试运行

海底光缆线路工程经初验合格后，应组织试运行。

工程试运行应由维护部门或建设单位委托的代维单位进行试运行期维护，并全面考察工程质量。如发现问题应由承建单位返修。

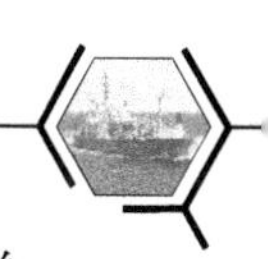

试运行时间应不少于3个月。试运行结束后半个月内，向上级主管部门报送工程试运行报告，报告样式参见表11.3。

表11.3　工程（试运行）问题报告

工程名称：　　　　　　　　　　　　　　　　　　　　编号：

工程名称		代码号	
		序号	
		承建单位	
		报告时间	
报告人	姓名		
	单位		
问题描述： 日　　期：________			
处理意见： 总监理工程师：______ 日　　期：______			
附注：			

（4）工程终验

在工程试运行结束后，由建设单位根据试运行期间系统主要性能指标达到设计要求及对存在遗留问题的处理意见组织设计、监理、施工和接收单位参加，对工程进行终验。

海底光缆线路工程的工程终验，应由建设单位组织设计单位、承建单位、监理单位和维护单位，对初验中发现问题的处理进行抽检，对通信线路工程的质量及档案、投资结算等进行综合评价，并对工程设计、施工、监理以及相关管理部门的工作进行总结，并给出书面评价。

终验合格后应颁发验收证书。

第 12 章 海缆线路工程中的监理规范及要求

12.1 海缆工程监理的意义和内容

12.1.1 海缆工程监理的意义

海缆工程监理工作是保证海缆工程质量的重要措施和手段，在海缆工程建设中，工程监理单位作为第三方参与到工程建设中，依据相关标准设计文件、监理规程及监理合同对工程建设全过程进行监理，从而保证工程建设的质量和工期，工程监理对加强工程管理和充分发挥建设投资的综合经济效益也是至关重要的。

近年随着海洋开发的深入以及人们对通信、能源等需求的增加。海缆工程建设处在活跃时期。这期间海缆工程技术得到了很大发展，但尚有一些问题需要解决。海缆工程项目的最基本特征在于其施工作业过程的隐蔽性，这给海缆工程项目监理，以及施工质量的控制和评判带来相当大的困难。

存在以下三方面问题：

1. 海缆工程施工难度大、环节多，易出现故障

仅 2002 年一年就出现以下问题。福星号在舟山海域施工中发生断缆现象；十一月在粤海铁路工程海底光缆施工中发生断缆现象；深圳至珠海海底光缆维修工程中发生断纤现象；南海某海域施工中两条军用海缆断纤现象；北海某海域施工中发生海缆打扭现象。

2. 海缆的埋设质量不高直接影响到海缆的正常运行寿命

在 2003 年一年中海缆中心维修的两条海缆都是因为埋设的缺陷造成的。2003 年六月某岛通信干线突然中断，虽迅速调用其他电路恢复，仍造成通

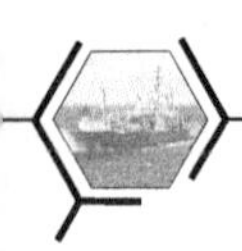

信中断两小时四十分钟。后查明原因为在13km的埋设段中有大约30m未埋设，放在海床上被过往渔船勾断。2003年11月，胜利油田海上的“中心2号”平台两条35kV海底电缆同时中断，经二十多天的抢修后才恢复供电，期间减产造成的直接经济损失就达两千多万。后查明故障原因为埋设海缆的一段（大约400m）在海底地质扰动区，长期的沉降造成两条海缆在某一点上弯曲过大，而运行单位未能及时掌握这个情况，导致运行海缆在这一点上击穿，当调用另一条备用海缆供电时，加压使备缆在同一区域也被击穿。

3. 海缆工程缺乏施工规范和质量条例造成工程质量管理无章可循

在多年来海缆中心参与和主持的多项海缆工程中，发现对于海缆工程的施工和质量评定、责任划分等方面缺乏成文成系统的文件，给业主在运行维护中造成很大困难。如海缆中心2003~2004年参与维修的上海到嵊泗60km直流50kV电力电缆，一年中故障次数达到六次，由于缺乏完备的质量文件和监理文件，索赔的难度很大。又如中英公司2002年为舟山广电环岛光缆施工中造成的断缆事件，由于缺乏质量文件，无法认定责任，案件一审再审，经济损失和给双方造成的影响都不可估量。

出现以上问题的原因是多方面的，有人员上的原因，有设备上的原因，也有管理上的原因。由于海缆工程的投资大、周期长，建成后一旦出现质量问题就会造成很大的经济损失。

12.1.2 海缆工程监理的内容

海缆工程监理的内容主要包括是施工准备阶段的监理、施工中的旁站监理、海缆的光学及电气性能的监测、海缆工程质量评估四块。

施工准备阶段监理的内容主要包括路由勘察、设计交底等，重点是路由勘察中必须探明可能影响电缆铺设的区段及其地质地貌状况，选择最佳路由。

施工中的旁站监理主要控制两方面的内容：①埋设，主要对埋设施工中对放犁、收犁、登陆等易出问题的环节进行质量安全监督；②海缆质量，对埋设施工中对海缆的性能参数和危险指数进行实时监测，保证海缆的安全。

海缆的光学及电气性能的监测要求在海缆从厂家交付开始，在施工每一个环节如倒缆、敷（埋）设、登陆等对海缆的光学和电气性能进行监测，保证海缆的安全。

海缆工程质量评估主要对海缆埋设完成后埋深、路由数据的验收及埋设后海

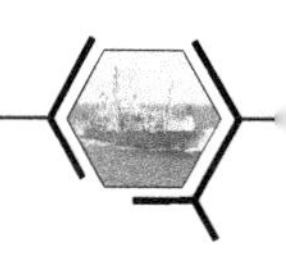

缆质量的验收。

监理还包括前期参与建设项目的需求分析，参与合同谈判、审核施工设计、技术方案、进度计划等桌面工作，及工程后期审核竣工文档资料、出具验收报告等资料工作。

在工程项目完成后，现场监理工作随之结束。在保修期内监理单位还需定期或不定期对项目进行质量检查，督促承建方按合同要求进行维护。

12.2 海缆工程监理的组织

海缆工程的监理组织主要包括以下三个方面的工作。

12.2.1 人员配置

参与监理工作的人员必须有从事海缆工程作业管理的实践经历，掌握海缆工程的基本作业程序及操作要点，能够预见施工作业中可能出现的问题及其对策。再者必须熟悉检测装备仪器的基本工作原理和使用操作方法，能够最大限度地发挥检测装备仪器在海缆工程施工监理中的功能，从而取得最佳检测效果。

12.2.2 装备条件

海缆工程项目的最基本特征在于其施工作业过程的隐蔽性，这给海缆工程项目监理，以及施工质量的控制和评判带来相当大的困难。因此，从事海缆工程项目监理的机构，除拥有一支由不同专业学科、不同知识结构、不同经验背景的专业人员组成，能够胜任相应工程项目的专业人员队伍外，还必须配备先进、科学、可靠和必要的水下检测设备、仪器和手段。

12.2.3 法规依据

有了监理人员、仪器装备，还不能保证海缆工程施工就一定能够达到设计要求。要对检查、观测结果进行科学、可靠的评判，还必须有相应的配套标准和法规等软环境条件。目前，海缆工程过程中对施工进展和质量的分析、评判，缺乏严格的定量标准，其可靠性很大程度上取决于监理工程师个人的经验和能力，不同的监理往往会得出大相径庭的结论，从而影响海缆工程项目监理结论的可靠性与可信度。

12.3　海缆工程监理的实施规范及要求

海底光缆工程监理的实施按施工准备阶段监理、施工过程的监理、施工结束后的质量评估三个阶段实施。

12.3.1　施工准备阶段的监理工作要求

1. 路由勘察

监理单位与路由勘察单位一起参与路由的勘察及路由选择的评估工作。应对路由勘察实施情况进行旁站监理，内容主要包括：工程地球物理调查（含水深测量、侧扫声呐测量、浅地层剖面探测）、登陆点地形测量、海底底质采样、近岸海流和水位观测等，确保路由的选定及勘查工作合理、科学。

2. 参与设计交底

设计交底由建设单位主持，设计单位、施工单位和监理单位的主要负责人及有关人员参加。

监理工程师通过设计交底应了解的以下内容：

(1) 建设单位对本工程的要求，施工现场的自然条件（地形、地貌），工程地质与水文地质条件等。

(2) 设计主导思想，使用的设计规范、基础设计、路由选择设计、设备设计（设备选型）等。

(3) 对海缆结构性能的要求，对埋深的要求，对使用新技术、新工艺、新材料的要求，以及施工中应特别注意的事项等。

(4) 设计单位对监理单位和施工单位提出的施工图纸，设计方案中的问题答复。

(5) 设计交底应有记录，会后由施工单位负责整理；设计变更、洽商应经建设单位、设计单位、监理单位、施工单位签认。

3. 审查施工组织设计

在工程开工前，总监理工程师应审查施工单位提交的施工组织设计方案，施工单位编制的施工方案必须在开工前填报《施工方案报审表》，报项目监理部审议；项目监理部总监理工程师组织监理工程师审议，由总监理工程师签认同意，批准实施；需要施工单位修改时，应由总监理工程师签发书面意见退回施工单位修改，修改后再报，重新审议。

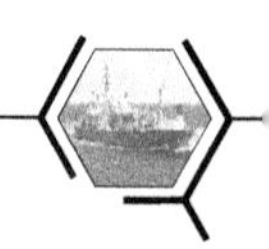

审议施工方案的主要内容包括：工期安排是否满足建设工程施工任务要求；进度计划是否保证施工的连续性和均衡性，所需的人力、设备的配置与进度计划是否协调；季节施工方案和专项施工方案的可行性、合理性和先进性；监理工程师认为应审核的其他内容。

4. 第一次工地会议

第一次工地会议由建设单位主持，在工程正式开工前进行。会议应由下列人员参加：

（1）建设单位授权驻现场代表及有关职能人员。

（2）施工负责人及有关职能人员，分包单位主要负责人。

（3）监理单位总监理工程师及全体监理人员。

会议主要内容：建设单位负责人宣布总监理工程师并向其授权；建设单位负责人宣布施工其驻现场代表（项目负责人）；总监理工程师与施工负责人相互介绍各方组织机构、人员及其专业、职务分工；施工负责人汇报施工现场施工准备的情况；会议各方协商确定协调的方式，参加监理例会的人员、时间及安排；其他事项。第一次工地会议后，由监理单位负责整理编印会议纪要，分发有关各方。

5. 施工监理交底

施工监理交底由总监理工程师主持，中心内容为贯彻项目监理规划；参加人员有：

（1）施工单位施工负责人及有关职能人员。

（2）监理单位总监理工程师及有关监理人员。

施工监理交底的主要内容：国家及部队发布的有关工程建设监理的政策、法令、法规；阐明有关合同中规定的建设单位、监理单位和施工单位的权利和义务；介绍监理工作内容；介绍监理工作的基本程序和方法；有关报表的报审要求。

6. 核查开工条件

施工单位认为达到开工条件时应向项目监理部申报《工程动工报审表》。

监理工程师应核查下列条件：施工方案已经通过项目总监理工程师审议；施工单位技术管理人员已到位，施工设备已按需要进场；主要材料供应已落实；气象条件，施工设备状况等是否具备开工条件。监理工程师审核认为具备开工条件时，由总监理工程师在施工单位报送的《工程动工报审表》上签署意见。

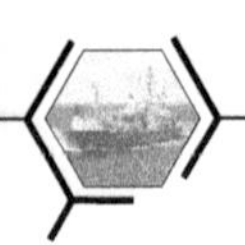

12.3.2 施工过程中的监理工作要求

1. 工程实施阶段监理流程

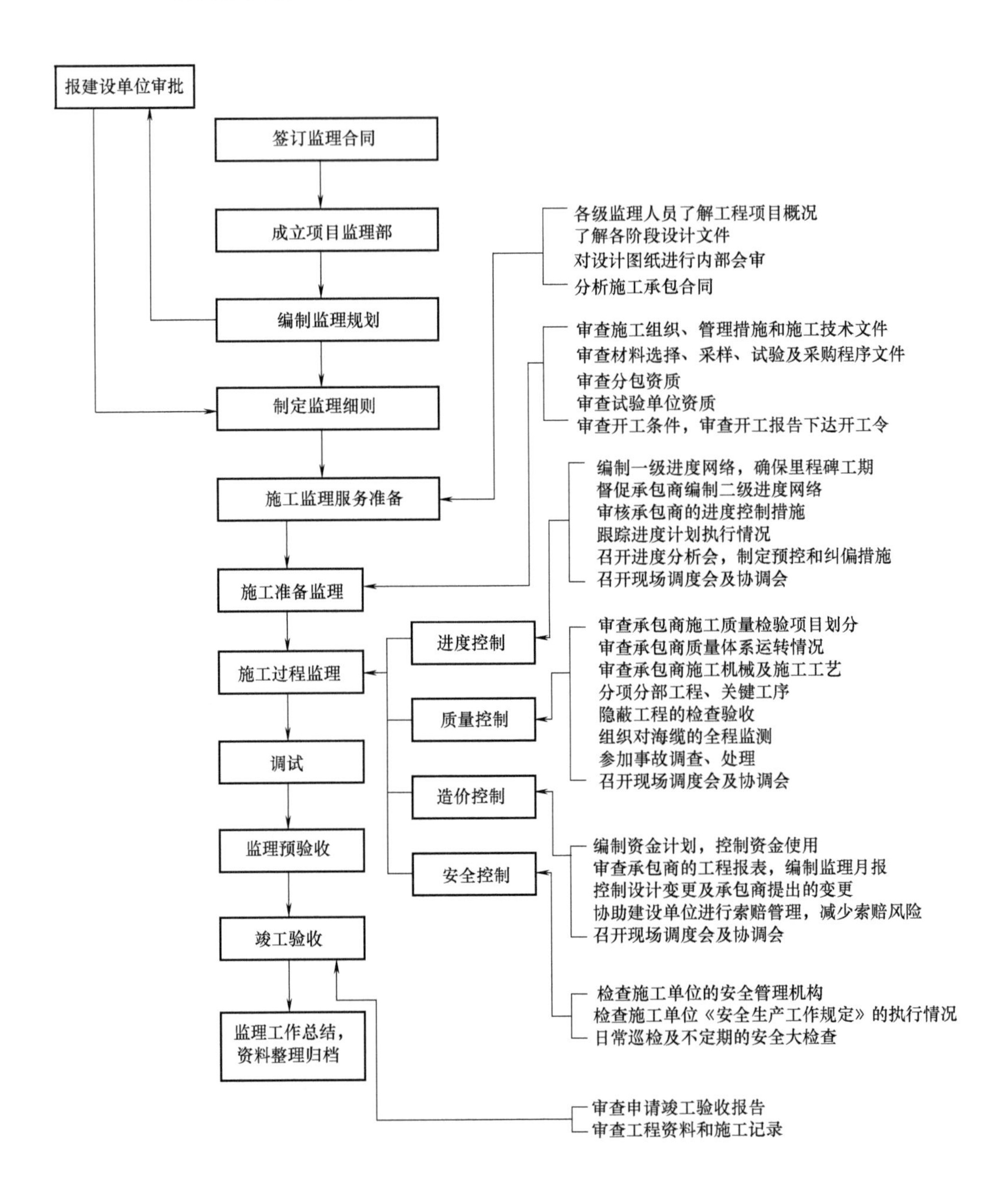

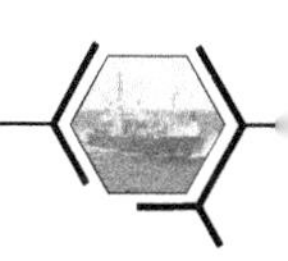

2. 施工阶段质量控制监理流程

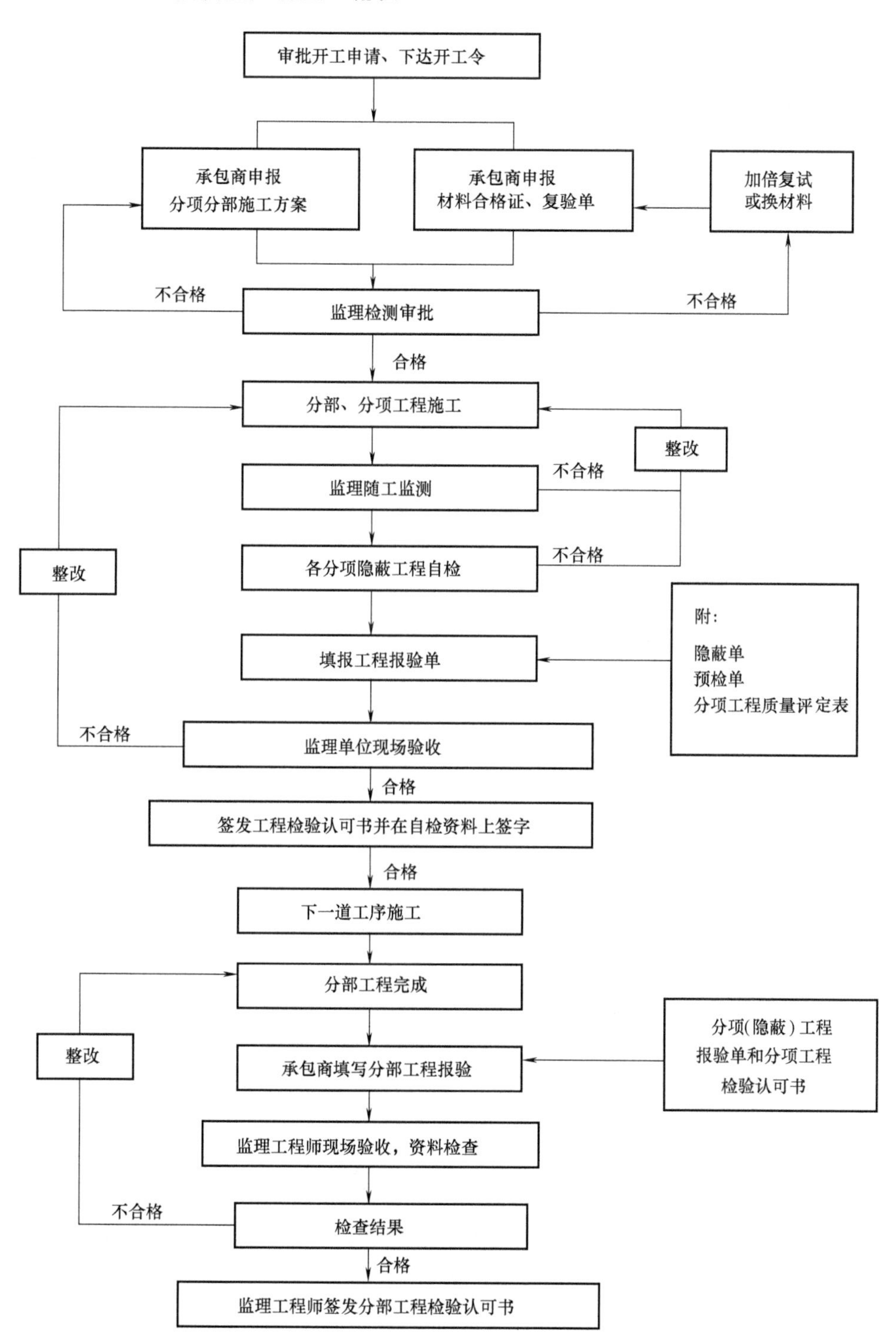

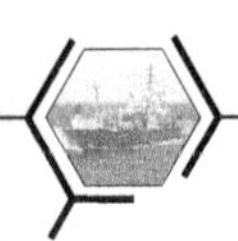
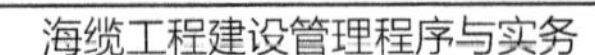

3. 海缆应力监测

目的：海缆应力监测的目的就是实时监测海缆在转驳、登陆、埋设等所有动态过程中受力状况，既可在出现问题征兆时，及时采取措施加以解决，避免出现问题，保证施工质量；也可对埋设后的海缆进行健康状况评估，预先发现隐患，确保海缆质量。

技术：通过测光纤受激布里渊散射的频偏来确定光纤所受应力情况，进而判断海缆拉伸以及弯曲等受力情况。

实施：海上施工前，对海缆进行全面应力检测，为下一步海上施工的应力监测提供依据；海上施工和保护工程中，全程实时进行应力监测，特别是提放埋设犁、登陆等关键工序进行重点监测；海缆施工完毕系统尚未开通前，根据需要进行定期监测。

设备：布里渊散射光纤测试系统（DTSS）；海缆专用应力分析系统、高速光开关。

4. 海缆的光学性能测试

目的：测试海缆中光纤总衰减、公理衰减和衰耗均匀性，确保海缆的光学性能合格。

技术：采用光时域反射仪测试海缆中光纤的后向散射曲线，采用 Anglient 精密光测试系统进行高精度的光功率测试判断海缆的光学性能是否合格。

实施：同海缆应力监测实施时机。

设备：光时域反射仪、Anglient 精密光测试系统。

5. 海缆的电气性能测试

目的：测试海缆的绝缘指标，确保海缆的电气性能合格。

技术：采用电缆绝缘测试仪测试海缆中心金属管与外铠装之间的绝缘值，掌握海缆绝缘的变化情况。

实施：同海缆光学性能的测试。

设备：电缆高压绝缘测试仪。

6. 施工中的旁站监理

目的：通过对照海缆工程设计、施工方案、设备操作规程等检查监督施工单位作业以便及时发现问题、及时解决问题，避免损失。

方法：主要通过看和听进行对照检查，采用文字、照片、录像的形式进行记录。

（1）海缆的装船

检查厂家海缆的外观情况、缆池堆放情况以及海缆传送通道是否准备到位，光滑无锐物。

检查施工单位缆舱是否清理干净，光滑无锐物，海缆退扭塔、海缆通道是否

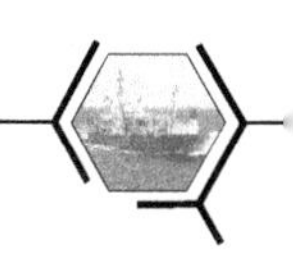

光滑无锐物，滚轮转动灵活。

检查缆舱、缆盘的盘缆半径、海缆通道弯曲半径是否满足要求。

检查海缆退扭高度是否满足要求。

海缆输送速度均匀，杜绝突然启动和停止。

检查输缆机对海缆的侧向压力是否满足要求。

检查海缆盘放层数和高度，是否满足海缆的侧向压力要求。

检查装缆后的测试结果，是否满足要求。

（2）海缆的牵引登陆

检查施工船是否已经在路由轴线上停放就位。

检查是否已经丈量好登陆所需海缆的准确长度。

检查登陆沿途是否作好登陆准备，海缆通道无尖锐物或突起物。

检查人井或接头孔或机房是否已经准备好进缆通道。

检查海缆牵引时是否使用了万向牵引头。

检查是否有仪器对海缆的牵引张力进行计量，海缆张力是否满足要求。

检查滩涂、陆地海缆的埋设深度是否满足设计要求。

检查海缆挖沟回填时，回填土应分层夯实，人工夯实时，分层厚度不大于20cm。设计上允许回填土自然沉实的部位，可不夯实，但回填土高度宜大于地面高度5cm以上，以防积水。

（3）埋设机的投放施工

核实埋设机投放点的水深数据和水下地形。

旁站观察、记录投放海缆在埋设机通道的弯曲情况。

检查投放时的海缆张力和弯曲情况是否满足要求。

检查埋设机着床后的姿态情况。

记录海缆起埋点。

（4）海缆敷埋施工

检查、记录海缆入水角度。

检查、记录海缆工作张力。

检查、记录水泵压力、悬浮张力。

记录埋设机的水下姿态异常点。

检查、记录海缆敷埋偏差大于设计要求的不合格点。

检查、记录海缆敷埋深度小于设计要求的不合格点。

海缆埋设深度应严格控制，当埋深连续低于设计要求时，应及时向总监理工程师汇报，下达暂停施工指令，查明原因，排除故障后才能进行施工。

检查、记录海缆敷埋的最大速度、一般速度。

(5) 埋设机的回收施工

记录海缆终埋点。

核实埋设机回收点的水深数据和水下地形。

旁站观察、记录回收海缆在埋设机通道的弯曲情况。

检查回收时的海缆张力和弯曲情况是否满足要求。

检查埋设机回收后的通道磨损情况，是否大量残留海缆外护层物质。

检查埋设臂与海底底质的磨损痕迹，记录、分析海缆的埋设深度情况。

7. 隐蔽工程随工验收

(1) 登陆段隐蔽工程的随工验收

登陆段范围指低潮线至海缆房（海陆接头）的施工。登陆段施工一般采用浮球登陆的方法进行，保护方式为人工开挖海缆沟并加球墨铸铁套管上敷水泥砂浆袋，在石质底质则采用混凝土包封。

验收项目：路由准确度、埋深、加装对剖管、上敷水泥砂浆袋、混凝土包封、标石、标志等安装的验收。

技术手段：路由准确度、埋深验收采用陆用电缆路由探测仪进行。其余采用文字、照片等方式进行随工检查记录。

设备：陆用电缆路由探测仪、数码相机、摄像机。

(2) 低潮线至起埋点隐蔽工程的随工验收

低潮线至起埋点施工指从低潮线至母船埋设犁投放点范围的施工。近岸段施工一般采用先敷设海缆后潜水员冲埋的方式进行，保护方式为加球墨铸铁套管上敷水泥砂浆袋。

验收内容：路由准确度、埋深验收、加装对剖管、上敷水泥砂浆袋。

技术手段：路由准确度采用潜水员持海缆潜水探测器或在工作母船上用海缆路由测试仪随工检查。

埋深验收采用潜水员持海缆测深仪进行随工抽测。

加装对剖管、上敷水泥砂浆袋采用潜水员潜水探摸进行随工验收。

设备：QS-1 海缆潜水探测器、SCD-08 海缆路由测试仪、海缆测深仪。

(3) 海上埋设段隐蔽工程的随工验收

海上埋设段施工由大型海缆施工船用埋设犁进行全程埋设施工。埋设犁分水喷式和犁刀式等不同种类，施工工艺有所不同。

验收内容：路由准确度、埋深验收、海缆张力等。

技术手段：由旁站监理以文字、照片等随工记录母船及埋设犁的施工数据（埋深、路由位置、张力等）。

(4) 海上敷设段保护隐蔽工程的随工验收

海上敷设段保护施工指在路由上无法避开的基岩区、深沟陡槽等特殊区段在施工中采用先敷设后加保护的方式进行施工。一般的保护手段是视水深情况采用

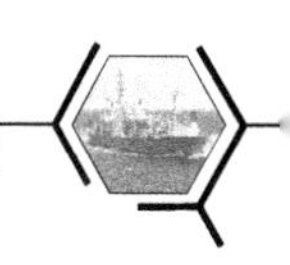

加装球墨铸铁套管后抛石或直接抛石保护。

验收内容：抛石数量、套管数量、位置、作业方法。

技术手段：采取文字、照片、录像等方式进行记录。

12.3.3　施工结束后的质量评估

1. 海缆应力的监测

埋设对海缆的影响是一个非常重要又很复杂的指标。通常对于海缆安全的影响主要来源于它所受的负荷，这种负荷又以拉伸负荷对海缆的运行影响最大。

《GJB 4489—2002 海底光缆通用规范》规定了海缆的三种拉伸负荷：断裂拉伸负荷、短暂拉伸负荷、工作拉伸负荷。分别为：

“断裂拉伸负荷（Ultimate Tensile Strength，UTS）指海底光缆被拉断的张力。短暂拉伸负荷（Normal Transience Tensile Strength，NTTS）指海底光缆施工或修复时受到的短时间的且释放后对海底光缆的光学和机械物理性能无影响的张力。工作拉伸负荷（Normal Operation Tensile Strength，NOTS）海底光缆可正常工作25 年的张力。”

只要在埋设过程中对海缆张力进行不间断监测，使缆所受的负荷不超过NTTS，就可以保证海缆的安全。实现这样的安全实时监测通过对光纤实时所受应力检测即可实现。

埋设完成后将缆的原始状态的光纤应力与敷设后光纤的应力进行比对，来判断埋设后的海缆受力情况是否超过 NOTS。

同时对光纤应力的测试还能提供长期应力变化的情况评估，以便运行单位掌握海缆的健康状态。

2. 路由及埋深的测定

动用船只和海缆路由及埋深测试设备对某些埋设路由区段进行埋深、路由准确度检测及评估。评估区段根据随工监理情况按需求选定。

12.3.4　验收阶段监理工作

1. 随工验收的监理

监理工程师应在工程实施过程中按时检查已结束工程质量情况，记录工程测试中的异常现象。

监理工程师应及时将工程测试中异常情况书面通知施工单位整改，重大问题应报告建设单位。

监理单位审核施工单位提交的报验申请表和全部技术文档，符合要求后，签署监理意见，协助建设单位组织阶段验收工作；本阶段及后续阶段验收标准均可参照 GJB 1633—1993 的相关内容。

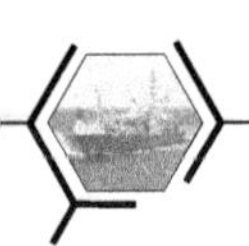

2. 工程初验的监理

当项目监理单位收到施工单位提交的“报验申请表”，或“工程初验收/终验申请表”，并提供了有关工程完（竣）工资料后，总监理工程师应组织监理工程师，对施工单位报送的报验申请表或工程初验收/终验申请表和有关工程完（竣）工资料进行审查，具备验收条件时，报建设单位组织验收。不具备初验条件时，监理机构应签发“监理工程师通知单”，责令施工单位整改，施工单位应针对通知单内容及时填写“监理工程师通知回复单”进行回复。

监理单位应协助建设单位制定工程初验计划及其方案，明确验收目标、验收内容、验收标准、验收方式和验收文件格式等内容。

监理单位应协助建设单位组织工程初验测试，由建设单位、监理单位、设计单位和施工单位共同参与，并记录相应的测试结果。如存在问题，应监督施工单位整改后重新进行相关测试，直至问题得到彻底解决。

测试合格后，建设单位、监理单位、设计单位和施工单位一起对工程初验测试结果进行确认，共同签署测试报告。

3. 工程终验的监理

监理单位协助建设单位审查施工单位提出的终验申请表及全部竣工资料，如果符合终验条件，监理单位应协助建设单位做好终验准备工作；否则，向施工单位提出整改要求，督促施工单位进行整改。

监理单位应协助建设单位做好终验准备工作，并参与终验。监理单位应督促施工单位编制工程档案资料，如施工记录、试验报告、供货厂家资料、竣工图等竣工资料的搜集整理工作，核查这些资料的完整性、准确性、真实性、规范性，并指导和督促施工单位按国家规定和建设单位档案管理要求分类、造册、编号、入卷，满足建设单位要求。

工程竣工后，总监理工程师组织编写监理工作总结，并整理汇总工程监理档案资料。

监理单位应在规定的期限内完成监理总结报告，并向建设单位提交全部监理文档；并协调竣工资料移交和工程竣工签证各项有关事宜，确保工程交接手续完备、规范。

12.3.5　保修阶段监理工作

在工程保修期内，监理机构应依据委托监理合同约定的工程质保期监理工作的时间、范围和内容开展工作。

在保修阶段监理中，对工程修补、修复的质量要求应与施工阶段的要求相一致。

承担工程质保期监理工作时，监理单位应安排监理工程师对建设单位提出的

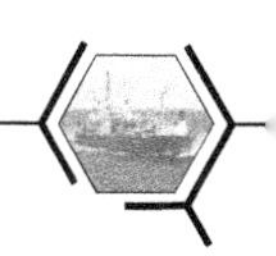

工程质量缺陷进行检查和记录，向建设单位提交“工程（试运行）问题报告”，对施工单位进行修复的工程质量进行验收，合格后予以签认。

监理工程师应对工程质量缺陷进行调查分析，确定责任归属，对非施工单位原因造成的工程质量缺陷，监理工程师应核实修复工程的费用并签署工程款支付证书，报送建设单位。

12.3.6　监理资料

（1）施工前应提交的资料内容包括：项目有关的合同文件（包括委托监理合同）、监理规划、监理实施细则（方案）、施工组织设计（方案）报审表、工程开工/复工报审表及工程开工/复工/暂停令、工程材料、构配件、设备的质量证明及报审表、外购软件的版权证明材料、分包单位资格报审表。

（2）施工过程中应提交的资料内容包括：工程变更资料、隐蔽工程验收及随工签证资料、监理工程师通知单、监理工作联系单、工程相关会议纪要和来往函件、监理日志、监理周（月）报。

（3）施工后应提交的资料内容包括：质量缺陷与事故的调查及处理文件、分系统、单位工程等验收资料、合同争议及索赔文件资料、竣工结算审核意见、工程终验及质量评审意见、工程质量认证和工程款支付证书、监理工作总结。

（4）监理资料的管理：监理资料应及时整理、真实完整、分类有序。监理资料的管理应由总监理工程师负责，并指定专人具体实施。监理资料应在各阶段监理工作结束后及时整理归档。监理工作总结等监理文件是工程档案的重要组成部分，按工程档案的相关规范，监理文件提供给建设单位后，一并归入工程档案。监理档案的编制及保存应按有关规定执行。

附录 A 海底光缆传输及电性能测试记录表

海底光缆传输及电性能测试记录见表 A.1～表 A.3。

表 A.1 ×××至×××段光纤接续损耗测试记录（测试阶段）

光纤序号		损耗/(dB/km)	指标/(dB/km)	光纤序号		损耗/(dB/km)	指标/(dB/km)
1	A-B			13	A-B		
	B-A				B-A		
2	A-B			14	A-B		
	B-A				B-A		
3	A-B			15	A-B		
	B-A				B-A		
4	A-B			16	A-B		
	B-A				B-A		
5	A-B			17	A-B		
	B-A				B-A		
6	A-B			18	A-B		
	B-A				B-A		
7	A-B			19	A-B		
	B-A				B-A		
8	A-B			20	A-B		
	B-A				B-A		
9	A-B			21	A-B		
	B-A				B-A		
10	A-B			22	A-B		
	B-A				B-A		
11	A-B			23	A-B		
	B-A				B-A		
12	A-B			24	A-B		
	B-A				B-A		

注：24 芯以上时参照本表记录。

环境温度： ℃　　波长： nm　　折射率：　　熔接机：

测试地点：　　测试日期：

验收人：　　验收日期：

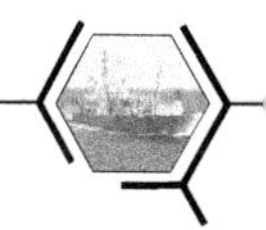

表 A.2 ×××至×××段海底光缆光纤损耗测试记录（测试阶段）

光纤序号		损耗		测试段长/km	指标/(dB/km)	光纤序号		损耗		测试段长/km	指标/(dB/km)
		dB	dB/km					dB	dB/km		
1	A-B					13	A-B				
	B-A						B-A				
2	A-B					14	A-B				
	B-A						B-A				
3	A-B					15	A-B				
	B-A						B-A				
4	A-B					16	A-B				
	B-A						B-A				
5	A-B					17	A-B				
	B-A						B-A				
6	A-B					18	A-B				
	B-A						B-A				
7	A-B					19	A-B				
	B-A						B-A				
8	A-B					20	A-B				
	B-A						B-A				
9	A-B					21	A-B				
	B-A						B-A				
10	A-B					22	A-B				
	B-A						B-A				
11	A-B					23	A-B				
	B-A						B-A				
12	A-B					24	A-B				
	B-A						B-A				

注:24 芯以上时参照本表记录。

环境温度：℃　　　　波长：nm　　　　折射率：

测试地点：　　　测试日期：

验收人：　　　验收日期：

表 A.3 海底光缆线路电气性能测试记录（测试阶段）

项　　目	指标	实测值
金属导线直流电阻/(Ω/km)		
金属导线对地绝缘电阻/(MΩ·km)		
不锈钢松套管对地绝缘电阻/(MΩ·km)		

测试仪表：　　测试人：　　测试地点：

测试日期：　　验收人：　　验收日期：

附录 B

常用文件格式

表 B.1　报验申请表

工程名称：　　　　　　　　　　　　　　　　　　　　　　　　编号：

致：(监理单位)

我单位已完成了工作，现报上该工程报验申请表，请予以审查和验收。

附件：

施工单位(章)

项目经理：

日期：

审查意见：

项目监理单位(章)

总监理工程师：

日期：

表 B.2 初验记录

隐蔽工程：××××工程

初验时间：　　年　月　日

初验单位：

编号：　01

序号	工程范围	数量	初验情况
1			
2			
3			
4			
5			

表 B.3 工程（试运行）问题报告

工程名称：　　　　编号：

工程名称		代码号	
		序号	
		承建单位	
		报告时间	
报告人	姓名		
	单位		

问题描述：

日期：

处理意见：

总监理工程师：

日期：

附注：